21 世纪全国高职高专机电系列技能型规划教材

液压与气动技术项目教程

主　编　武　威

副主编　吴宏之

北京大学出版社
PEKING UNIVERSITY PRESS

内 容 简 介

本书是为适应我国高等职业教育的需求而编写的。在编写本书过程中充分结合高等职业教育的特点和实际，采用项目式编写模式，在注重基本理论与原理的基础上，强调理论与实践的结合，突出应用能力和创新能力的培养。为指导学生学习，在每个项目下面都设有若干学习任务，并对学习任务进行详细分解，同时在各教学项目中还配有拓展知识内容。为便于学生巩固所学知识，各项目后附有同步训练题目，并对计算题和一些较难的分析题附有详细答案。

本书共分 10 个项目，包括：了解液压传动基础知识、认识液压动力元件、熟识液压执行元件、识别液压控制元件、知晓液压辅助元件、组建液压基本回路、分析液压传动系统典型实例、描述气动元件、组建气动基本回路、液压与气动实训。

本书可作为高等职业院校机电一体化、数控技术、机械制造、模具设计与制造、自动化等专业的教学用书，也可作为工程技术人员的参考用书。

图书在版编目(CIP)数据

液压与气动技术项目教程/武威主编 . —北京：北京大学出版社，2014.8
(21 世纪全国高职高专机电系列技能型规划教材)
ISBN 978-7-301-24381-7

Ⅰ.①液…　Ⅱ.①武…　Ⅲ.①液压传动—高等职业教育—教材②气压传动—高等职业教育—教材
Ⅳ.①TH137②TH138

中国版本图书馆 CIP 数据核字(2014)第 129904 号

书　　　　　名：	**液压与气动技术项目教程**
著作责任者：	武　威　主编
策 划 编 辑：	邢　琛
责 任 编 辑：	李娉婷
标 准 书 号：	ISBN 978-7-301-24381-7/TH · 0394
出 版 发 行：	北京大学出版社
地　　　　址：	北京市海淀区成府路 205 号　100871
网　　　　址：	http://www.pup.cn　新浪官方微博:@北京大学出版社
电 子 信 箱：	pup_6@163.com
电　　　　话：	邮购部 62752015　发行部 62750672　编辑部 62750667　出版部 62754962
印 刷 者：	北京鑫海金澳胶印有限公司
经 销 者：	新华书店

787 毫米×1092 毫米　16 开本　14.25 印张　330 千字
2014 年 8 月第 1 版　2014 年 8 月第 1 次印刷

定　　价：30.00 元

前　言

本书的编写体现了高职高专教育教学的特点，以培养岗位技能型人才为目标，注重理论知识的应用，强调实践能力的培养，力求突出职业教育的特色。

本书以工作过程和项目化教学为向导，以"工学结合"为切入点，精心挑选企业生产实际中的液压、气动应用实例为教学内容，有利于提高学生分析问题和解决问题的能力，同时精心选择生活中常见的液压、气动现象作为每个教学项目的引入案例，可激发学生的学习兴趣和学习热情。

本书将每个教学项目分解成若干个学习任务，并制订学习任务详解，同时在各教学项目中配有拓展知识内容，为学习能力较强的学生开拓视野、扩大知识面提供帮助。

本书由液压传动、气动技术和液压与气动实训三大部分组成。同时将三大组成部分编写为 10 个教学项目，即了解液压传动基础知识、认识液压动力元件、熟识液压执行元件、识别液压控制元件、知晓液压辅助元件、组建液压基本回路、分析液压传动系统典型实例、描述气动元件、组建气动基本回路、液压与气动实训等。

本书中的图形符号、回路及系统原理图，全部采用最新国家标准 GB/T 786.1—2009 中的图形符号绘制，且书中配有大量的实物图片，便于学生了解液压、气动元件的实际结构及工作原理。

本书由辽宁经济职业技术学院武威主编，吴宏之副主编。书中项目 10 和附录由吴宏之编写，其余均由武威编写。

限于编者的水平和经验，书中不足之处在所难免，敬请读者批评指正。

编　者

2014 年 4 月

目录

CONTENTS

初识液压与气动技术

　　最早的液压传动设备是 18 世纪英国人约瑟夫·布拉曼基于巴斯卡静压传递原理研制成的世界上第一台水压机。但由于当时没有成熟的液压传动技术和液压元件，因此，没有得到普遍的应用。随着科学技术的不断发展及经济社会迫切需求，液压传动技术得到了迅速的发展。目前，国内外生产的 95％的工程机械、90％的数控加工中心、95％以上的自动线都采用了液压传动技术，如今液压传动技术的应用程度已成为衡量一个国家工业水平的主要标志之一。

水压机　　　　　海上钻井平台　　　　　战机

舰船　　　　　数控加工中心　　　　　工程机械

液压传动技术的应用举例

　　早在公元前，埃及人就开始用风箱产生压缩空气助燃，这是最初气动技术的应用。早期气动技术没有液压传动技术发展得迅速，但如今世界各国都把气动技术作为一种低成本的工业自动化手段应用于各类行业之中，气动技术的发展速度已超过了液压传动，应用非常广泛。

| 风箱 | 气动机械手 | 气动剪切机 | 气动冲床 |

气动技术应用举例

0.1　液压与气动技术的研究内容

众所周知，一部完整的机器由原动机、工作机和传动机三大部分组成。其中原动机是动力源，是机器的主动部分；工作机是机器直接对外做功的部分；传动机则用于传递或控制原动机的能量并给予工作机，因此，传动机包括传动与控制机构。传动通常分为机械传动、电气传动和流体传动。流体传动是以流体为工作介质进行能量的转换、传递和控制的传动，它包括液体传动和气体传动。液体传动是以液体为工作介质的流体传动，根据原理不同分为液压传动和液力传动。前者主要是利用液体的压力能，而后者主要是利用液体的动能来传递力和对外做功。本书所研究的是以液体为工作介质的液压传动和以气体为工作介质的气压传动，即气动技术。

液压传动是一种以液体为传动介质，利用液体的压力能来进行能量的转换、传递和控制的传动方式；而气压传动则是一种以气体为传动介质，利用气体的压力能来进行能量的转换、传递和控制的传动方式。

液压与气动系统中的能量转换和传递情况如图0-1所示。

图0-1　液压与气动系统中的能量转换和传递情况

0.2　液压与气动系统的工作原理

液压和气动系统的工作原理基本是相同的，现以如图0-2所示液压千斤顶的工作原理为例来说明液压传动的工作原理。

当用手提起杠杆1时，小活塞2向上移动，下端油腔容积增大，压力降低，形成局部真空，油箱6中的油液在大气压力的作用下推开单向阀4，通过吸油管5进入小液压缸3的下腔，完成吸油。压下杠杆1，小活塞下移，下腔密封容积减小，压力升高，此时单向阀4自动关闭，油液推开单向阀7输入大液压缸8的下腔，迫使大活塞9向上移动，顶起重物。如此反复地提压杠杆 1 就可使重物 G 不断升起，从而达到提升重物的目的。打开截止阀 11，大液压缸下腔的油液通过管道流回油箱，重物随活塞向下移动，回到原位。如果把油液换成空气，去掉油箱和回油管，再将油缸改为气缸，则上述系统就可视为气压系统。此系统与生活中常用的打气筒的工作原理相同。

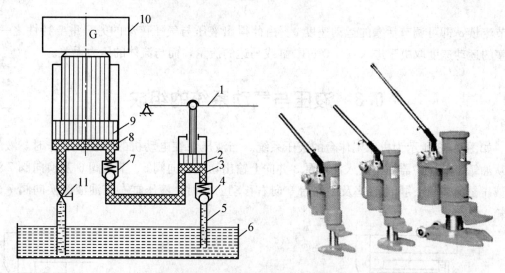

图 0-2　液压千斤顶工作原理

1—杠杆；2—小活塞；3—小液压缸；4、7—单向阀；

5—吸油管；6—油箱；8—大液压缸；9—大活塞；10—重物；11—截止阀

根据以上工作原理可得出液压与气压传动的以下两个重要特性。

1. 压力取决于负载

在图 0-2 中，设大、小液压缸活塞面积分别为 A_2 和 A_1，大液压缸所受负载为 G，作用于小液压缸上的力为 F，要大活塞顶起重物负载 G，大活塞下腔必须产生一定的液压力 p，$p = G/A_2$，由帕斯卡原理可知，小活塞下腔也应具有一个等值压力 p，即小活塞上必须施加力 F，$F = pA_1$，因而有

$$\frac{F}{A_1} = \frac{G}{A_2} = p$$

或

$$\frac{G}{F} = \frac{A_2}{A_1} \tag{0-1}$$

式（0-1）是液压与气压传动中力传递的基本公式，因为 $p = G/A_2$，所以当负载 G 增大时，流体压力要增大，F 也要随之增大。当负载 G 减小时，流体压力减小，F 亦随之减小。由此得出液压与气压传动的重要特性之一：在液压与气压传动中，工作压力取决于外负载，而与流入的流体多少无关。

2. 速度取决于流量

若不考虑液体的可压缩性、泄漏等因素，设大、小液压缸活塞位移平均速度分别为 v_2 和 v_1。由于从小液压缸排出液体的体积等于进入大液压缸液体的体积，则有

$$A_1 v_1 = A v_2 = q \qquad (0-2)$$

式中，q 为液体的流量。

若已知进入缸体的流量 q，那么活塞的运动的速度 v 为

$$v = \frac{q}{A} \qquad (0-3)$$

调节流量 q 即可调节活塞的运动速度 v。由此得出液压与气压传动的另一重要特性之一：活塞的运动速度取决于进入液压（气压）缸或马达的流量，而与流体的压力无关。

0.3 液压与气动系统的组成

如图 0-3 所示为机床工作台的液压系统。当液压泵在电动机的带动下工作时，液压油从油箱 1 经过滤器 2 被吸入液压泵 3 并向上输出，经换向阀 5、节流阀 6 及换向阀 7 流入液压缸 8 左腔，推动活塞及工作台 9 向右移动。此时，液压缸右腔油液经换向阀 7 回油箱。

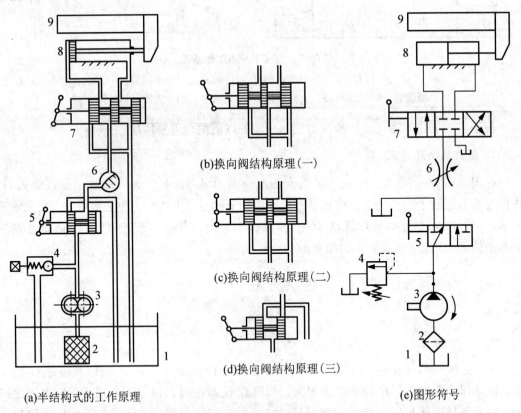

(b)换向阀结构原理（一）

(c)换向阀结构原理（二）

(d)换向阀结构原理（三）

(a)半结构式的工作原理

(e)图形符号

图 0-3 机床工作台的液压系统

1—油箱；2—过滤器；3—液压泵；4—溢流阀；5、7—换向阀；6—节流阀；8—液压缸；9—工作台

如将换向阀 7 手柄扳到图 0-3(b)所示位置，则油液经换向阀 7 进入液压缸的右腔，活塞及工作台向左移动。当换向阀 7 手柄扳到图 0-3(c)所示位置时，液压缸被锁住，

左、右腔均不能进油，工作台停止移动。当换向阀5手柄扳到图0-3(d)所示位置时，液压泵输出油液经换向阀5回油箱，系统处于卸荷状态。

节流阀6是用来控制系统运动速度的。当节流阀开口较大时进入液压缸的流量较大，工作台运动的速度较快；反之，节流口较小时，工作台移动的速度就较慢。溢流阀4起控制调节系统油液压力的作用。调节溢流阀4的弹簧预紧力，能调节液压泵的出口压力，让多余油液在相应压力下，打开溢流阀流回油箱。

如图0-3(a)所示是半结构式的工作原理，它直观性强，容易理解，但绘制起来比较麻烦，特别是在系统中的元件数量较多时更是如此。所以，在工程实际中，除某些特殊情况外，一般都是用简单的图形符号即国标图形符号来绘制液压与气压传动系统原理图的，如图0-3(e)所示。

由以上分析可以看出，液压与气动系统主要由5大部分组成。

(1) 动力装置：把机械能转换成流体的压力能的装置，最常见的是液压泵和空气压缩机。

(2) 执行装置：把流体的压力能转换成机械能的装置，一般是指做回转运动的液(气)马达和做直线运动的液压(气)缸等。

(3) 控制调节装置：对液(气)压系统中流体的压力、流量和流动方向进行控制和调节的装置，如单向阀、换向阀、溢流阀、节流阀等。

(4) 辅助装置：指除以上3种以外的其他装置，如油管、油箱、过滤器、分水滤气器、蓄能器、压力表等。它们对系统的可靠和稳定工作提供了重要保障。

(5) 传动介质：传递能量的流体，即液压油或压缩空气。

0.4 液压与气压传动的优缺点及其发展和应用

1. 液压与气压传动的优点

(1) 与电动机相比，在同等体积下，液(气)压传动能产生更大的动力，即在同等功率下，液(气)压传动的体积小、质量轻、结构紧凑。

(2) 液(气)压传动易于实现自动化，可方便地对流体的压力、流量和流动方向进行控制和调节，并容易和电气、电子控制等结合起来，操作简单。

(3) 液(气)压传动工作平稳、运动速度快、换向冲击小，便于实现频繁换向。

(4) 液(气)压传动易于实现过载保护，能实现自润滑，使用寿命长。

(5) 液(气)压传动容易做到对速度的无级调节，而且调速范围大，且可在工作过程中对速度进行调节。

(6) 液(气)压元件易于实现系列化、标准化和通用化，便于设计、制造和使用。

2. 液压与气压传动的缺点

(1) 液(气)压传动中的泄漏和流体的可压缩性使传动无法保证严格的传动比。

(2) 液(气)压传动有较多泄漏损失和压力损失等，因此，传动效率相对较低。

（3）液（气）压传动对温度的变化比较敏感，不宜在过高或过低的温度下工作。

（4）液（气）压传动在出现故障时不易诊断。

3. 液压传动与气压传动的比较

（1）气压传动系统的介质是空气，成本较低，用后的空气可以排到大气中去，不会污染环境，而液压传动泄漏会污染环境。

（2）由于气体介质粘度比油液粘度小，流动阻力较小，压力损失小，便于集中供气和远距离输送。

（3）液压传动的介质油液较气体压缩性小，所以液压传动较气压传动更平稳。

（4）液压传动传递动力大，传动效率较气压传动高。

（5）气压传动系统简单、安全，无液压油的气动控制系统更适用于无线电元器件、食品及医药的生产。

4. 液压与气动技术的发展和应用

液压传动相对于机械传动是一门新学科，但相对于计算机等新技术，它又是一门较老的技术。

从 17 世纪帕斯卡提出静压传递原理、18 世纪英国制成世界上第一台水压机算起，液压传动已有 200 多年的历史。早期由于没有成熟的液压传动技术和液压元件，因此没有得到普遍的应用。随着科学技术的不断发展，特别是在第二次世界大战期间，由于军事上迫切需要反应快、质量轻、功率大的各种武器装备，而液压传动技术正适应了这一要求，所以液压传动技术得到了迅速的发展。尤其是战后的 60 余年间，液压传动技术迅速地转向其他领域，并得到了广泛的应用。液压传动从发展趋势来看，正向高压化、高速化、集成化、大流量、大功率、高效率、长寿命、低噪声方向发展。同时，新型液压元件和液压系统的计算机辅助设计（CAD）、计算机辅助测试技术（CAT）、计算机实时控制技术、计算机仿真和优化设计技术、机电液（气）一体化技术、可靠性及污染控制技术等是当前的发展方向。"电子是神经，液压是肌肉"这句早有的格言在今天更具有现实意义。

气动技术的应用历史悠久。早在公元前，埃及人就开始用风箱产生压缩空气助燃，这是最初的气动技术的应用。从 18 世纪的产业革命开始，气动技术逐渐被应用于各类行业中，如矿山用的风镐、火车的制动装置等。随着科学技术的不断发展，世界各国都把气动技术作为一种低成本的工业自动化手段。自 20 世纪 60 年代以来，气动技术发展十分迅速，已从采矿、汽车、钢铁、机械等行业迅速发展到橡胶、纺织、包装、化工、食品、军事等领域。目前气动元件的发展速度已超过了液压元件，节能化、小型化、轻量化、位置控制的高精度化等是气动元件的主要研究方向，以气、电、液相结合的综合控制技术和计算机控制、辅助设计等成为气动技术发展的方向。

液压与气动技术的应用见表0-1。

表0-1　液压与气动技术在各类机械中的应用

行业名称	应用领域	行业名称	应用领域
工程机械	液压装载机、推土机、液压挖掘机等	汽车工业	自卸式汽车、高空作业车、减振器等
农业机械	拖拉机、联合收割机等	起重机械	集装箱起重机、叉车、吊运机等
机械制造	车床、磨床、组合机床、气动扳手等	铸造机械	加料机、砂型压实机、压铸机等
矿山机械	提升机、采煤机、凿岩机、液压支架等	纺织机械	织布机、印染机等
建筑机械	打桩机、液压千斤顶、混凝土泵车等	轻工机械	注塑机、打包机、造纸机、浆纱机等
冶金机械	轧钢机、步进加热炉、压力机等	船舶工业	挖泥船、打桩船、舰船舵机等

项目 1

了解液压传动基础知识

生活中我们常会遇到下列情况:当水龙头被打开,然后又迅速关闭时,管路中的水产生剧烈的振动和噪声,此现象称为液压冲击;当我们用手捏扁一个正在流水的软管出口,此时水流过软管出口的流速会迅速增大等。这些现象是由于液体流经管路的直径和管路截面结构发生了变化,而引起的物理现象。

水龙头

软管排水

本项目主要研究液压油的基本性质及其运动规律,为正确理解液压传动工作原理,分析、使用和维护液压系统打下基础。

任务 1.1 液压传动的工作介质

- 能解释液压油的可压缩性和粘性现象。
- 了解液压油的分类和选用。

液压传动最常用的工作介质是液压油，液压传动主要是通过液压油来进行能量传递的。

1.1.1 液压油的主要性质

1. 密度

单位体积液体的质量称为液体的密度。质量为 m、体积为 V 的液体的密度为

$$\rho = \frac{m}{V} \tag{1-1}$$

液压油的密度随压力的提高而稍有增加，随温度的上升而有所减小，但变动值很小，可忽略不计。我国采用 20℃时的油液密度作为标准密度。

2. 可压缩性

液体受压力作用而使体积缩小的性质称为液体的可压缩性。用体积压缩系数 k 表示，即

$$k = -\frac{1}{\Delta p}\frac{\Delta V}{V} \tag{1-2}$$

式中，V 为液体的体积；ΔV 为液体体积的减小量；Δp 为压缩前、后的压力变化量。

由于液体压力增大时液体体积减小，因此，式(1-2)中加负号以使体积压缩系数 k 为正值。液体的可压缩性很小，一般可忽略不计。但当对系统进行动态分析或液体体积较大时，就要考虑液体的可压缩性问题。

3. 粘性

液体在外力作用下流动(或有流动趋势)时，分子间的内聚力要阻止分子相对运动而产生的一种内摩擦力，这种性质就称为粘性。静止液体是不会有粘性的。粘性是液体的重要物理性质，是选择液压油的主要依据。

粘性的大小用粘度来表示，液压油划分牌号的主要依据就是粘度。粘度 μ 称为动力粘度，单位为 Pa·s(帕·秒)。液体的动力粘度与其密度的比值为运动粘度 υ，即 $\upsilon = \mu/\rho$，单位为 m^2/s。运动粘度无物理意义，但工程上常用它来标志液体粘度，我国液压油的牌号就是用油液在温度为 40℃时的运动粘度(mm^2/s)的平均值来表示的。例如，某一

种牌号 L-HL46 的普通液压油，就是指这种液压油在 40℃时运动粘度的平均值为 $46mm^2/s$。

压力和温度是影响液体粘度的主要因素。

（1）压力的影响：压力增大时，液体分子之间的内摩擦力增大，粘度增大。在一般液压系统使用的压力范围内，增大的数值很小，可以忽略不计。

（2）温度的影响：液体的粘度对温度的变化非常敏感，温度升高，粘度显著下降。液体粘度随温度变化的性质称为粘温特性，如图 1-1 所示。

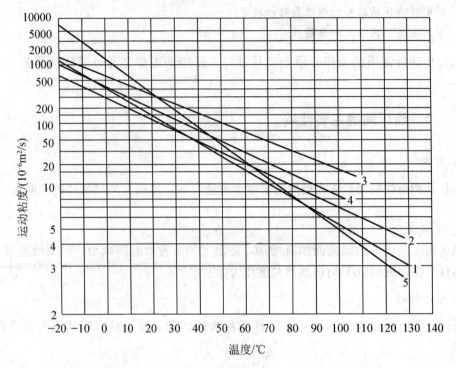

图 1-1　粘温特性

1—普通石油型；2—高粘度指数石油；3—水包油型；4—水-乙二醇型；5—磷酸酯型

1.1.2　对液压油的要求

不同的液压传动系统，不同的使用条件对液压工作介质的要求也不相同，为了更好地传递动力和运动，液压传动系统所使用的工作介质（液压油）应具备以下基本性能：

（1）合适的粘度，$v_{40}=(15\sim68)\times10^{-6}m^2/s$，润滑性能好，并具有较好的粘温特性。

（2）质地纯净，杂质少，并对金属和密封件有良好的相容性。

（3）对热、氧化、水解和剪切有良好的稳定性。

（4）抗泡沫性、抗乳化性和防锈性好，腐蚀性小。

（5）体积膨胀系数小，比热容大，流动点和凝固点低，闪点和燃点高。

（6）对人体无害，对环境污染小，成本低，价格便宜。

1.1.3 液压油的分类和选择

1. 液压油的分类

液压油的品种很多，主要分为矿油型、乳化型、合成型三类。液压油的品种由代号和后面的数字组成，代号中L表示石油产品的总分类号，H表示是液压系统用的工作介质，数字表示该工作介质的粘度等级，如L-HL22。液压油的分类见表1-1。

表1-1 液压油分类(GB/T 11118.1—2011)

类别	名　称	代号	特性及应用
矿油型	精制矿物油①	L-HH	无添加，作为循环润滑油，用于低压液压系统
	抗氧防锈液压油	L-HL	在HH油中加添加剂，具有防锈和抗氧化性，用于室内一般中、低压液压系统
	抗磨液压油	L-HM（高压和普通）	在HL油中加添加剂，具有抗磨性，用于低、中、高液压系统，特别适用有防磨要求带叶片泵的液压系统，如工程机械、车辆等的液压系统
	低温液压油	L-HV	在HM油中加添加剂，改善其粘温特性，用于户外工作的工程机械液压系统，可在-40~-20℃的低温、高压环境中工作
	超低温液压油	L-HS	在HL油中加添加剂，改善其粘温特性，粘温特性优于L-HV油，用于数控机床液压系统和伺服系统
	液压导轨油	L-HG	在HM油中加添加剂，改善其粘—滑特性，用于液压系统和导轨润滑合用一种油品的机床
	其他液压油		在液压油中加入多种添加剂，用于高品质的专用液压系统
乳化型	水包油乳化液	L-HFAE	高水基液，难燃，粘温特性好，有一定的防锈能力，润滑性能差，易泄漏，用于有抗燃要求、用油量较大且泄漏严重的系统
	油包水乳化液	L-HFB	具有难燃、抗磨和防锈性能，性能接近液压油，使用温度不得超过65℃
合成型	水-乙二醇液	L-HFC	抗燃、耐腐蚀性及粘温性好，可在-20~50℃环境下使用，用于有抗燃要求的中、低压系统
	磷酸酯液	L-HFDR	难燃、润滑、抗氧化性和抗磨性好，适用于冶金设备、汽轮机等高温、高压系统和大型民航客机的液压系统

注：① 精制矿物油是GB/T 11118.1—1994的名称，在GB 11118.1—2011中没有这个名称，为叙述方便，本表保留了其名称及内容。

2. 液压油的选择

首先应根据液压传动系统的工作条件和工作环境来选择合适的液压油液类型，然后选择液压油的粘度。

1）选择液压油的类型

在选择液压油的类型时，首选专用液压油。考虑液压传动系统的工作条件和工作环境，若系统靠近300℃以上的高温表面热源或有明火场所，就要选择如表1-1所示的难燃型液压液。其中，对液压油用量较大的液压传动系统，宜选用乳化型液压油；用量小的宜选用合成型液压油。

2）选择液压油的粘度

液压油的类型选定后，再选择液压油的粘度，即牌号。液压油的粘度选择是选择液压油的关键，应注意以下几方面。

（1）压力：当液压系统工作压力较高时，应选择粘度较大的液压油，以便减少泄漏。

（2）速度：当液压系统工作部件运动速度较高时，选择粘度较小的液压油，以减少油液的摩擦损失。

（3）温度：当环境温度较高时，选择粘度较大的液压油，以减少由于泄漏而造成的容积损失。

在液压传动系统中，一般根据液压泵的要求来确定液压油的粘度，见表1-2。

表1-2 液压泵使用液压油的粘度及推荐用油

液压泵类型		液压油运动粘度(mm^2/s，40℃)		推荐用油
		环境温度 5～40℃	环境温度 40～80℃	
叶片泵	压力<7MPa	30～50	40～75	L-HM 油 32、46、68
	压力>7MPa	50～70	55～90	L-HM 油 46、68、100
齿轮泵		30～70	65～165	L-HL（中、高压用 L-HM）油 32、46、68
轴向柱塞泵		40～75	70～150	L-HL（高压用 L-HM）油 32、46、68
径向柱塞泵		30～80	65～240	L-HL（高压用 L-HM）油 32、46、68

任务1.2　液体静力学

- 理解液体静压力基本方程。
- 熟悉帕斯卡原理。
- 了解液体静压力对固体壁面的作用力。

液体静力学是研究液体处于相对静止状态下的力学规律及其规律应用的科学。"相对静止"是指液体内部各质点之间没有相对运动，液体被看作一个整体，此时，液体不呈现粘性。

1.2.1 液体的静压力及其特性

液体上的作用力有两种类型，一种是质量力，另一种是表面力。作用在质量中心上且与液体质量有关的力称为质量力。作用在液体表面上且与液体表面积有关的力称为表面力。单位面积上作用的表面力称为应力。液体在单位面积上所受的内法向力，称为压力，在物理学中称为压强，但是在液压与气压传动中称为压力，通常用 p 来表示。静止液体不能承受拉应力，而只能承受压应力。因此，静止液体的压力有如下特性：

（1）液体的静压力沿着内法线方向垂直作用于承压面。

（2）静止液体内任意一点处的静压力在各个方向上都相等。

1.2.2　液体静力学基本方程

在重力作用下，密度为 ρ 的液体在容器中处于静止状态，如图 1-2 所示，其外加压力为 p_0，为求容器内任意深度 h 处的压力 p，假想从液面开始往下截取一垂直的小液柱为研究对象，液柱的面积为 ΔA，液柱高为 h，如图 1-2(b)所示。因为液体是静止的，所以小液柱的静压力平衡方程式为

$$p\Delta A = p_0 \Delta A + \rho g h \Delta A$$

由上式得

$$p = p_0 + \rho g h \tag{1-3}$$

式(1-3)为液体静力学基本方程。

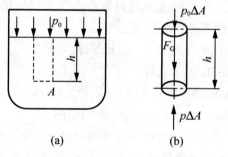

图 1-2　重力作用下的静止液体

由式(1-3)可知：

（1）静止液体内任意一点处的压力是由两部分组成的，一部分是液面上的压力 p_0；另一部分是液体的自重对该点的压力 $\rho g h$。

（2）静止液体内的压力随液体深度 h 的增加而呈线性增加。

（3）静止液体内深度相同的各点压力相等，压力相同的各点组成等压面。在重力作用下静止液体内的等压面为一水平面。

1.2.3　压力的表示方法和单位

1. 压力的表示方法

压力有绝对压力和相对压力两种表示方法。绝对压力是以绝对真空作为基准进行测量的压力；而相对压力是以大气压力 p_0 作为基准进行测量的压力。因为一般情况下测量仪都是在大气压力下进行测量的，所以测得的压力为相对压力，也称表压力。当液体中某点的绝对压力小于大气压力时，便产生真空，把绝对压力小于大气压力的那部分数值称为该点的真空度。如图 1-3 所示，绝对压力、相对压力和真空度之间的关系为

$$绝对压力＝相对压力＋大气压力$$
$$真空度＝大气压力－绝对压力$$

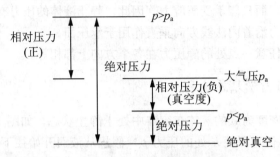

图 1-3 绝对压力、相对压力和真空度

当以大气压力为基准计算压力时，大气压力以上的是表压力(相对压力为正值)，大气压力以下的是真空度(相对压力为负值)。

2. 压力的单位

我国压力的法定计量单位是 Pa(帕)，$1Pa＝1N/m^2$，$1\times10^6Pa＝1MPa(兆帕)$。我国过去也采用过工程大气压、水柱高或汞柱高等作为压力的计量单位。我国现行法定计量单位和过去计量单位之间的换算关系如下：

$$1at(工程大气压)＝1kgf/cm^2＝9.8\times10^4Pa$$
$$1mH_2O(米水柱)＝9.8\times10^3Pa$$
$$1mmHg(毫米汞柱)＝1.33\times10^2Pa$$
$$1bar(巴)＝1\times10^5Pa＝0.1MPa$$

【例1-1】如图1-4所示，容器中装有液体，已知活塞上的作用力 $F＝2000N$，活塞的表面积 $A＝2\times10^{-3}m^2$，油液的密度 $\rho＝900kg/m^3$，若活塞的质量不计，求活塞下方深度 0.5m 处的压力。

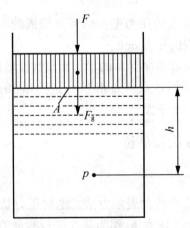

图 1-4 静止液体压力计算

解：液体上表面所受压力为

$$p_0 = \frac{F}{A} = \frac{2000}{2 \times 10^{-3}} \text{N/m}^2 = 10^6 \text{N/m}^2$$

由式(1-3)可知，深度为 h 处的液体压力为

$$p = 10^6 + 900 \times 9.8 \times 0.5 (\text{Pa}) \approx 1.0044 \times 10^6 (\text{Pa}) \approx 1\text{MPa}$$

由例 1-1 可以看出，液体在受外界压力的作用下，其由自重产生的压力 $\rho g h$ 很小，故在液压系统中可忽略不计。

1.2.4　静压力的传递

由静力学基本方程可知，静止液体内任意一点的压力是由液面上的压力 p_0 和液体重力引起的压力 $\rho g h$ 两部分组成的。这说明在密闭容器中的静止液体，当其边界上的压力发生改变时，液体内任意一点的压力也会发生等值的变化，即在密闭容器内，施加于静止液体上的压力可等值地传递到液体内各点，这就是静压力传递原理，也称为帕斯卡原理。在液压系统中外力产生的压力要远远大于由液体自重产生的压力，因此，往往忽略 $\rho g h$ 产生的影响，即认为静止液体内的压力处处相等。

如图 1-5 所示，大、小活塞缸(1、2)相连通，大、小活塞的面积分别为 A_1 和 A_2，小活塞缸 2 上的作用力为 F，大活塞缸 1 上受重力 W 作用。由静压力传递原理可推出：

$$p = \frac{F}{A_2} = \frac{W}{A_1} \tag{1-4}$$

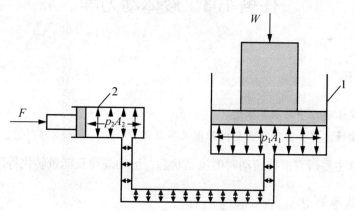

图 1-5　静压力传递原理
1—大活塞缸；2—小活塞缸

若去掉重物，无论推动小活塞的力 F 多大，都不会在液体中形成压力，这说明液压系统中的压力取决于外负载。由此得到静压力传递的特性：

(1) 静压力传递必须在密闭的容器中进行。

(2) 液体内部压力取决于外负载，并随负载变化而变化。

1.2.5　液体对固体壁面的作用力

静止液体和固体壁面接触时，固体壁面将受到液体静压力的作用。因为静压力可看作处处相等，所以可认为作用于固体壁面的液压力是均匀分布的。

当固体壁面为一平面时，作用在平面上的静压力方向与该平面垂直，其作用力 F 为
$$F = pA \qquad (1-5)$$
式中，p 为液体的压力；A 为液体作用的固体壁面面积。

当固体壁面为曲面时，作用在曲面上各点的静压力方向均垂直于曲面，互不平行。液体作用于曲面 x 方向上的作用力等于曲面在该方向上的投影面积 A_x 和液压力 p 的乘积，如图 1-6 所示，即
$$F_x = pA_x \qquad (1-6)$$

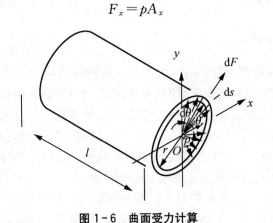

图 1-6　曲面受力计算

任务 1.3　液体动力学

- 能理解液体动力学的基本概念。
- 了解连续性方程和伯努利方程的原理及其应用。

液体动力学主要研究液体流动时的流动状态、运动规律及能量转化等问题。

1.3.1　基本概念

1. 理想液体和实际液体

粘性对液体的流动会产生一定的影响，如果考虑粘性的影响，将使问题复杂化。为了简化问题的分析，先假设液体为没有粘性、不可压缩的理想液体，然后再考虑粘性的作用，根据实验结果加以修正。我们把既无粘性又不可压缩的液体称为理想液体；把有粘性可压缩的液体称为实际液体。

2. 稳定流动和非稳定流动

液体流动时，如果液体中任意一点的压力、速度和密度都不随时间的变化而变化，这种流动称为稳定流动；反之，称为非稳定流动。

3. 流量

单位时间内流过某一通流截面的液体的体积称为流量，以 q 表示，单位为 m^3/s 或 L/min。

4. 通流截面

垂直于流动方向的截面称为通流截面，也称为过流截面。

5. 平均流速

对于微小流束，由于通流面积很小，一般认为通流面积上各点的流速 v 相等，将这种假设通流截面上各点的流速呈均匀分布状态下的液体流动速度，称为平均流速，即 $v=q/A$。A 为垂直于液体流动方向的通流截面面积。

1.3.2 液流的连续性

做稳定流动的液体，在不同管径的同一管路中流动，如图 1-7 所示，管路中两通流截面 1、2 的面积分别为 A_1 和 A_2，平均流速分别为 v_1、v_2。根据质量守恒定律，单位时间 Δt 内流过截面 1、2 的液体质量相等，即

$$v_1 \Delta t A_1 \rho = v_2 \Delta t A_2 \rho$$

亦即

$$v_1 A_1 = v_2 A_2 = q = 常数 \tag{1-7}$$

这就是液体做稳定流动时液流的连续性方程。液流连续性方程说明了在稳定流动中，流过各截面的不可压缩流体的流量是不变的（即流量是连续的）。因而流速与通流截面的面积成反比。

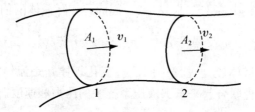

图 1-7 液流的连续性原理

1.3.3 液体流动中的能量守恒

1. 理想液体的能量守恒

如图 1-8 所示，液体在管道中做稳定流动，截取截面 1、2 之间的一段液流为研究对象，截面 1、2 的平均流速分别为 v_1 和 v_2，压力分别为 p_1 和 p_2，面积分别为 A_1 和 A_2，位置高度分别为 z_1 和 z_2。当液体为理想液体时，根据能量守恒定律，得到

$$p_1 + \rho g z_1 + \frac{1}{2} \rho v_1^2 = p_2 + \rho g z_2 + \frac{1}{2} \rho v_2^2 \tag{1-8}$$

也可写为

$$p+\rho gz+\frac{1}{2}\rho v^2=常数 \tag{1-9}$$

式(1-8)和式(1-9)即为著名的伯努利方程式。式中各项代表单位液体的压力能、位能及动能。伯努利方程的物理意义：理想液体在做稳定流动时，具有压力能、位能和动能三种形式，这些能量之间可以相互转换，总和保持不变。

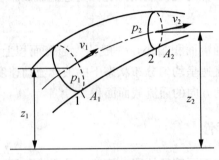

图 1-8 伯努利方程示意图

2. 实际液体的能量守恒

实际液体在流动时是存在粘性的，这就会产生内摩擦力，消耗能量；同时，管道局部形状和尺寸的急剧变化，也会使液体产生扰动，消耗能量。因此，实际液体在流动时有能量损失，设单位体积液体在截面 1、2 之间的能量损失为 Δp_w。

另外，实际液体的流速也是不均匀的，用平均流速代替实际流速计算必然产生误差，为了修正此误差，需引入动能修正系数 α。α 的大小与流速分布有关，流速分布越不均匀，α 值越大；流速分布比较均匀时，α 接近于 1。一般，管道紊流时，$\alpha\approx1.1$，如要求不太精确可取 1，只有在圆管层流时，$\alpha\approx2$。因此，实际液体的伯努利方程(图 1-8)为

$$p_1+\rho gz_1+\frac{\alpha_1}{2}\rho v_1^2=p_2+\rho gz_2+\frac{\alpha_2}{2}\rho v_2^2+\Delta p_w \tag{1-10}$$

伯努利方程揭示了液体流动过程中的能量变化规律，是流体力学的重要方程。在实际计算中常与连续性方程联合起来求解液压系统中的压力和速度。

任务1.4 管路压力损失计算

任务详解

- 能解释流态与雷诺数。
- 能进行沿程压力损失及局部压力损失的计算。

如前所述，实际液体在管路中流动是有能量损失的。在液压系统中，能量损失主要表现为压力损失。压力损失分为两大类，一类是沿程压力损失，即油液沿等径管路流动时产生的压力损失，由油液流动时的内、外摩擦引起；另一类是局部压力损失，即油液

流经局部阻碍(如管接头、弯管及管道截面的突然变大或变小等)时，由于油液的流速和流向发生突然改变，而使液流发生撞击、分离、漩涡等现象，于是产生了流动阻力，造成压力损失。压力损失过大会导致油液发热、泄漏，这对液压系统的正常工作十分不利，因此，要尽量降低压力损失。压力损失的大小与两方面因素有关，一是液体的流态，二是管路的结构。

1.4.1　流态和雷诺数

1. 层流和紊流

19世纪英国科学家雷诺通过观察水在圆管内流动情况，发现液体有两种流动状态，即层流和紊流。在层流时，液体质点互不干扰，液体的流动呈线性或层状，且平行于管道轴线；在紊流时，液体质点的运动杂乱无章，在沿管道流动时，除平行于管道轴线的运动外，还存在着剧烈的横向运动，液体质点在流动中互相干扰，如图1-9所示。

层流和紊流是两种不同的流态。层流时[图1-9(a)]，液体的流速低，液体质点受粘性约束，不能随意运动，液流呈线性或层状；随着流速的增加质点有轻微的上下波动，层流开始破坏，流速继续增加，质点波动加剧[图1-9(b)]，此时为层流向紊流过渡阶段；紊流时[图1-9(c)]，液体的流速较高，粘性的制约作用减弱，液流完全紊乱。图1-10为雷诺实验装置实物图。

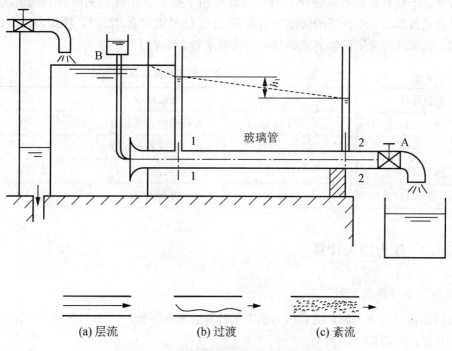

(a) 层流　　　　　　(b) 过渡　　　　　　(c) 紊流

图1-9　雷诺实验原理及液体流动状态

2. 雷诺数

通过雷诺实验证明，液体在圆形管道中的流动状态不仅与管内的平均流速 v 有关，

还和管道的直径 d、液体的运动粘度 υ 有关。实际上，液体流动状态是由上述三个参数所确定的，此三个参数确定了一个无量纲的数，称为雷诺数，用 Re 表示，即

$$Re=\frac{\upsilon d}{\upsilon} \tag{1-11}$$

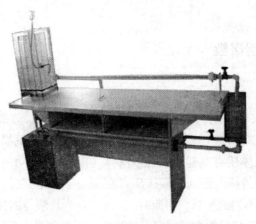

图 1-10   雷诺实验装置实物图

　　实验表明，液体流动时的雷诺数如果相同，则它的流动状态就相同。液流从层流变为紊流时的雷诺数和从紊流变为层流的雷诺数是不同的，分别称为上临界雷诺数和下临界雷诺数。下临界雷诺数数值小，所以一般都用下临界雷诺数判别液流的流动状态，简称临界雷诺数 Re_{cr}，当液流的实际雷诺数 Re 小于临界雷诺数 Re_{cr} 时，液流为层流；反之，为紊流。常见液流管道的临界雷诺数可由实验求得，见表 1-3。

表 1-3   常见液流管道的临界雷诺数

管道形状	Re_{cr}	管道形状	Re_{cr}
光滑金属管道	2000~2320	有环槽同心环缝隙	700
橡胶软道	1600~2000	有环槽偏心环缝隙	400
光滑同心环缝隙	1100	圆柱形滑阀阀口	260
光滑偏心环缝隙	1000	锥阀阀口	20~100

1.4.2   压力损失计算

1. 沿程压力损失

液体的流动状态不同，沿程压力损失的计算会有所区别。

（1）层流时沿程压力损失：

$$\Delta p_\lambda=\lambda\frac{l}{d}\frac{\rho\upsilon^2}{2} \tag{1-12}$$

式中，λ 为沿程阻力系数，金属管 $\lambda=75/Re$，橡胶软管 $\lambda=80/Re$；l 为液体流经管路的长度；d 为管路内径；υ 为液体的平均速度。

（2）紊流时沿程压力损失。液体紊流时，流动状态较复杂，计算其沿程压力损失仍然用式(1-12)，但沿程阻力系数 λ 由实验得出，也可查阅液压相关手册。

2.局部压力损失

局部压力损失计算公式为

$$\Delta p_\xi = \zeta \frac{\rho v^2}{2} \tag{1-13}$$

式中，ζ 为局部阻力系数，一般由实验得出，也可查阅液压相关手册。

3.总压力损失

整个液压系统的总压力损失应为所有沿程压力损失和所有的局部压力损失之和，即

$$\Delta p_w = \sum \Delta p_\lambda + \sum \Delta p_\xi = \sum \lambda \frac{l}{d} \frac{\rho v^2}{2} + \sum \zeta \frac{\rho v^2}{2} \tag{1-14}$$

 **拓展知识**

一、孔口和缝隙流量特性

1.孔口流动特性

液压系统中许多液压元件都是通过孔口来进行工作的，如节流阀就是利用控制节流孔口的开度大小，来控制流经液体的流量和压力的。孔口通常分为薄壁孔、细长孔及短孔三种形式。当孔口的通流长度 l 与孔径 d 之比 $l/d \leqslant 0.5$ 时，为薄壁孔；当孔口的长径比 $l/d > 4$ 时，为细长孔；当孔口的长径比 $5 < l/d \leqslant 4$ 时，为短孔。流经孔口的流量可表示为

$$q = KA\Delta p^m \tag{1-15}$$

式中，K 为孔口形状系数，由孔口的形状及液体的性质所决定；A 为孔口的面积；Δp 为孔口前后的压力差；m 是由长径比(l/d)决定的指数，当 $m=0.5$ 时为薄壁孔，$m=1$ 时为细长孔。

2.缝隙流量特性

液压系统各元件中的零部件间及各元件之间都存在着配合间隙(即缝隙)，当液体流经此处时便会产生泄漏，泄漏量的大小直接影响系统效率的高低和功率消耗的大小，也影响液压系统和液压元件能否正常工作。这也是为什么要研究缝隙流量特性的原因。泄漏主要是由液体流动时的压力差和间隙造成的。

1）平板缝隙

如图1-11所示为平行平板缝隙间的液体流动情况。设缝隙高度为 h，宽度为 b，长度为 l，设两端的压力分别为 p_1 和 p_2，其压差为 $\Delta p = p_1 - p_2$，上板运动速度为 v，则缝隙流量为

$$q = \frac{bh^3}{12\mu l}\Delta p \pm \frac{v}{2}bh \tag{1-16}$$

式中，μ 为液体的动力粘度；"$\pm$"视压力引起的泄漏和运动引起的泄漏的方向而定，方

向相同为"＋"，反之为"－"。

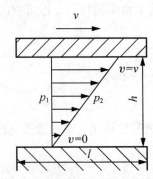

图 1-11　有相对运动的平板间液流

从式(1-16)可看出，在压差作用下，流量 q 与 缝隙值 h 的三次方成正比，这说明液压元件内缝隙的大小对泄漏量的影响非常大。

2) 环形缝隙

(1) 同心圆柱环形缝隙如图 1-12 所示，圆柱体直径为 d，缝隙值为 h，缝隙长度为 l，圆柱运动速度为 v。如果将圆环缝隙沿圆周方向展开，就相当于一个平行平板缝隙。同心圆环缝隙流量公式为

$$q=\frac{\pi d h^3}{12\mu l}\Delta p \pm \frac{\pi d h}{2}v \qquad (1-17)$$

当圆柱体移动方向和压差方向相同时取"＋"号，方向相反时取"－"号。

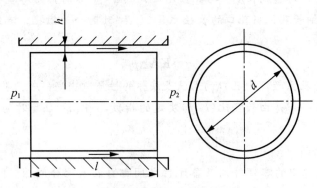

图 1-12　同心环形缝隙

(2) 偏心圆柱环形缝隙如图 1-13 所示。若内外圆环不同心，且偏心距为 e，则形成偏心圆环缝隙，其流量公式为

$$q=\frac{\pi d h^3}{12\mu l}\Delta p(1+1.5\varepsilon^2) \pm \frac{\pi d h}{2}v \qquad (1-18)$$

式中，ε 为相对偏心率，$\varepsilon = e/h$。其中 e 为偏心距，$h = r_2 - r_1$，当偏心距 $e = h$，即 $\varepsilon = 1$ 时(最大偏心状态)，其通过的流量是同心环形间隙流量的 2.5 倍。因此在液压元件中应尽量使配合的零件同心。同样当圆柱体移动方向和压差方向相同时取"＋"号，方向相反时取"－"号。

在式(1-16)~式(1-18)中，若 $v=0$，则"±"后面的项为 0。

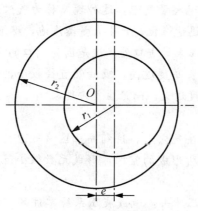

图1-13　偏心环形缝隙

二、液压冲击和气穴现象

1. 液压冲击

在液压传动系统中，常常由于一些原因而使液体压力突然急剧上升，形成很高的压力峰值，这种现象称为液压冲击。

1）产生液压冲击的原因

在突然关闭阀门或运动部件快速制动等情况下，液体在系统中的流动会突然受阻。这时，由于液流的惯性作用，液体从受阻端开始，迅速将动能逐层转换为液压能，因而产生了压力冲击波。当此压力冲击波在传播方向遇到阻碍时，便会迅速反方向回传，由于这种压力波的迅速往复传播，在系统内形成压力振荡。这一振荡过程，最终由于液体受到摩擦力以及液体和管壁的弹性作用不断地消耗能量，才逐渐衰减而趋向稳定。

2）液压冲击的危害

系统中出现液压冲击时，液体瞬时压力峰值可以比正常工作压力大好几倍。液压冲击会损坏密封装置、管道或液压元件，还会引起设备振动，产生很大的噪声。有时冲击会使某些液压元件如压力继电器、顺序阀等产生误动作，影响系统正常工作。

3）减小压力冲击的措施

（1）尽可能延长阀门关闭和运动部件制动换向的时间。

（2）正确设计阀口，限制管道流速及运动部件速度，使运动部件制动时速度变化比较均匀。例如，在机床液压传动系统中，通常将管道流速限制在4.5 m/s以下，液压缸驱动的运动部件速度一般不宜超过10m/min等。

（3）在某些对工作精度要求不高的机械上，使液压缸两腔油路在换向阀回到中位时瞬时互通。

（4）适当加大管道直径，尽量缩短管路长度。加大管道直径不仅可以降低流速，而且可以减小压力冲击波；缩短管道长度的目的是减小压力冲击波的传播时间；还可在冲击区域设置卸荷阀和安装蓄能器等缓冲装置。

（5）采用软管，增加系统的弹性，以减少压力冲击。

2. 气穴现象

在流动的液体中，若某处的压力低于空气分离压，之前溶解在液体中的空气就会分离出来，从而导致液体中出现大量气泡，这种现象称为气穴现象；若压力进一步下降到液体的饱和蒸气压，液体将迅速汽化，产生大量蒸汽泡，继续加重气穴现象。

气穴多发生在阀口和液压泵的进口处。这是因为阀口的通道狭窄，液流的速度增大，压力会下降所致；当泵的安装高度过高，吸油管直径较小，吸油管阻力过大或泵的转速过高时，会造成进口处真空度过大，而产生气穴现象。

1) 气穴现象的危害

(1) 液体在低压区域产生气穴后，待到高压区域气泡又重新溶解于液体中，周围的高压液体迅速填补原来气泡所形成的空间，形成无数微小范围内的液压冲击。这将引起噪声、振动等有害现象。

(2) 气穴现象引起的液压冲击会造成液压系统零件的损坏。由于析出的空气中有游离氧存在，因此，对零件具有很强的氧化作用，引起元件的腐蚀，故称为气蚀作用。

(3) 气穴现象使液体中带有一定量的气泡，从而使液体的流量出现不连续及压力的波动情况，严重时甚至断流，使液压系统不能正常工作。

2) 减少气穴和气蚀危害的措施

(1) 减小孔口或缝隙前后的压力降。

(2) 降低泵的吸油高度，适当加大吸油管直径，限制吸油管的流速，尽量减小吸油管路中的压力损失。对于自吸能力较差的泵，一般要安装辅助泵供油。

(3) 管路应有良好的密封，防止空气进入。

(4) 提高液压零件的耐气蚀能力，采用耐腐蚀能力强的金属材料，减小零件表面粗糙度等。

同步训练

1-1 什么是液体的粘性？液体的粘度与温度、压力有何关系？

1-2 液压油有哪些种类？怎样正确选用液压油？

1-3 什么是压力？为什么说压力取决于负载？

1-4 什么是流量？为什么说速度取决于流量？

1-5 管路中的压力损失有哪几种？各受哪些因素影响？

1-6 什么是绝对压力、相对压力及真空度？它们之间有什么关系？

1-7 什么是液体的连续性原理？举例说明其应用。

1-8 简述伯努利方程的物理意义。举例说明其应用。

1-9 何谓层流和紊流？怎样判断液体的流态？

1-10 何谓液压冲击？说明产生液压冲击的原因、危害及减小液压冲击的措施。

1-11 何谓气穴现象？说明气穴现象的不良影响及预防措施。

认识液压动力元件

　　液压动力元件是将原动机输入的机械能转换为液压能输出，为液压系统提供足够流量的液压油的装置，亦即液压泵。液压泵是依靠密闭的工作容积做周期的变化，并配有配油装置来进行工作的，这种液压泵称为容积式液压泵，液压系统中使用的液压泵都是容积式液压泵。例如液压升降舞台液压系统，必须依靠液压泵提供足够的液压油才能实现舞台的升降。

液压升降舞台

任务 2.1　初识液压泵

- 能说明容积式液压泵的工作原理。
- 了解液压泵的工作压力、排量及流量的概念。
- 理解液压泵的机械效率、容积效率的意义，掌握液压泵功率的计算方法。

2.1.1　液压泵的工作原理、工作条件及分类

1. 液压泵的工作原理

液压泵是依靠密封容积的变化来工作的。如图 2-1(a)所示为液压泵的工作原理，图中柱塞 2 与泵体 3 形成一个密封容积 a，柱塞在弹簧 4 的作用下始终压紧在偏心轮 1 上。原动机驱动偏心轮 1 旋转使柱塞 2 做往复运动，密封容积 a 的大小则发生周期性的交替变化。当 a 由小变大时就形成一定的真空度，油箱中油液在大气压作用下，经吸油管顶开吸油单向阀 5 进入 a 密封腔而实现吸油；反之，当 a 由大变小时，a 腔中吸满的油液将顶开压油单向阀 6 流入系统而实现压油。原动机驱动偏心轮不断旋转，液压泵就不断地吸油和压油。这样液压泵就将原动机输入的机械能转换成液体的压力能。

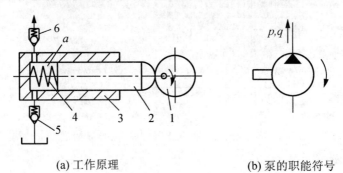

(a) 工作原理　　　　　　　　　(b) 泵的职能符号

图 2-1　液压泵的工作原理及泵的职能符号

1—偏心轮；2—柱塞；3—泵体；4—弹簧；5—吸油单向阀；6—压油单向阀

2. 液压泵的基本工作条件

（1）必须构成密封容积，且密封容积在不断地变化中能完成吸油和压油过程。

（2）在密封容积增大的吸油过程中，油箱必须与大气相通，油箱内液体压力应大于等于大气压力，液压泵在大气压力的作用下将油液吸入泵内，这是液压泵的吸油条件。在密封容积减小的压油过程中，液压泵的压力取决于油液排出时所遇到的阻力，即液压泵的压力由外负载来决定，这是形成压力的条件。

（3）吸、压油腔要互相分开，并且要有良好的密封性。各种泵的配油装置形式各异，它们是液压泵工作必不可少的组成部分。

3. 液压泵的分类

（1）按结构形式的不同，液压泵可分为齿轮式、叶片式、柱塞式和螺杆式等类型。

（2）按在单位时间内所输出油液体积能否调节，液压泵可分为定量式和变量式两类。

2.1.2　液压泵的性能参数

1）压力 p

液压泵的压力参数主要是指工作压力和额定压力。

（1）工作压力是指液压泵在实际工作时输出油液的压力值，即泵出油口处的压力值，也称为系统压力。

（2）额定压力是指在保证液压泵的容积效率、使用寿命和额定转速的前提下，泵连续长期运转时允许使用的压力最大限定值。它是泵在正常工作的条件下，按试验标准规定连续运转的最高压力。当泵的工作压力超过额定压力时，就会过载。

泵的最大工作压力是由组成泵的部分零件的结构强度及其密封性能的好坏决定的，随着液压泵工作压力的增高，泄漏量将增大，效率会降低。

2）流量和排量

流量是指单位时间内泵输出油液的体积，单位为 m^3/s。排量 V 是由于泵密封容积的几何尺寸变化，经计算而得到的泵每转排出油液的体积。在工程上，它可以用在无泄漏的情况下，泵每转所排出的油液体积来表示，常用的单位为 mL/r。

（1）理论流量 q_t。它是由泵密封容积几何尺寸变化计算而得到的泵在单位时间内排出液体的体积，它等于排量 V 和转速 n 的乘积，在测试中常以零压下的流量表示，即

$$q_t = Vn \qquad\qquad (2-1)$$

（2）实际流量 q。它是泵工作时的输出流量，此时的流量必须考虑到泵的泄漏。它等于泵理论流量 q_t 减去因泄漏损失的流量 q_1，即

$$q = q_t - q_1 \qquad\qquad (2-2)$$

泄漏损失的流量 q_1 随着泵工作压力的升高而增大。

（3）额定流量 q_n。它是泵在额定转速和额定压力下输出的流量。由于泵存在泄漏，所以泵实际流量 q 和额定流量 q_n 都小于理论流量 q_t。

3）功率

液压泵的输入能量为机械能，其表现为转矩 T 和转速 ω；液压泵的输出能量为液压能，表现为压力 p 和流量 q。

（1）理论输出功率 P_t，用泵的理论流量 q_t（m^3/s）与泵进出口压差 Δp（Pa）的乘积来表示，即

$$P_t = \Delta p q_t \qquad\qquad (2-3)$$

由于泵的进口压力很小，近似为零，所以在很多情况下，泵进、出口压差可用其出口压力来代替。

（2）输入功率 P_i，是实际驱动泵轴所需的机械功率，是实际输入转矩 T_i 与角速度 ω 的乘积，即

$$P_i = T_i\omega = 2\pi n T_i \tag{2-4}$$

（3）输出功率 P_o，用泵实际输出的流量与泵进、出口压差的乘积来表示，即

$$P_o = \Delta p q \tag{2-5}$$

4）效率

液压泵在工作中是有能量损失的，因泄漏而产生的损失为容积损失，因摩擦而产生的损失为机械损失。

（1）容积效率 η_v，是液压泵实际流量与理论流量之比，即

$$\eta_v = \frac{q}{q_t} \tag{2-6}$$

（2）机械效率 η_m。液体的粘性及泵内零件相对运动时产生的机械摩擦将引起转矩损失，使泵实际输入功率 P_i 总是大于泵理论功率 P_t。机械效率 η_m 是泵所需要的理论转矩 T_t 与实际转矩 T_i 之比，即

$$\eta_m = \frac{T_t}{T_i} \tag{2-7}$$

式中，T_l 为转矩损失。

（3）总效率 η。泵的总效率是泵输出功率 P_o 与输入功率 P_i 之比，即

$$\eta = \frac{P_o}{P_i} = \eta_v \eta_m \tag{2-8}$$

液压泵的总效率 η 在数值上等于容积效率和机械效率的乘积。液压泵的总效率、容积效率和机械效率可以通过实验测得。

如图 2-2 所示为液压泵的特性曲线，从图上可以看出各参数与压力之间的关系。

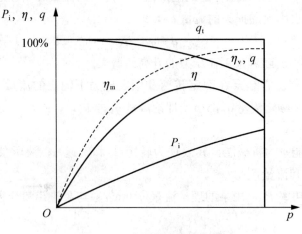

图 2-2　液压泵的特性曲线

任务 2.2　齿轮泵

- 能说明齿轮泵的工作原理。
- 能解释齿轮泵的困油现象、明确其产生原因及消除方法。
- 了解齿轮泵的特点及应用。

齿轮泵按其啮合形式分为外啮合齿轮泵和内啮合齿轮泵两种。其中外啮合齿轮泵应用较为广泛。

2.2.1　外啮合齿轮泵

1. 外啮合齿轮泵的工作原理

如图 2-3 所示，在泵体内有一对齿数相同、模数相等的外啮合齿轮。齿轮两侧有端盖(图 2-3 中未画出)。泵体、端盖及齿轮齿槽之间形成了密封容积，此密封容积由两个齿轮的齿面接触线分为左、右两部分，形成吸油腔和压油腔。吸、压油腔分别与油箱和排油管道相连。当齿轮按图 2-3 所示方向旋转时，右侧吸油腔内相互啮合的轮齿相继退出啮合，使密封容积逐渐增大，形成局部真空，油箱中的油液在大气压力作用下进入吸油腔，并随着旋转的轮齿进入左侧压油腔。左侧压油腔的轮齿则不断进入啮合，使密封容积减小，油液通过排油管道被挤压到液压系统。在齿轮泵的工作过程中，若泵主动轴旋转方向不变，则吸、压油的方向不变。啮合处的齿面接触线一直将吸、压油两腔分隔，起着配油的作用，所以齿轮泵中没有专门的配油机构，这是它的独到之处。

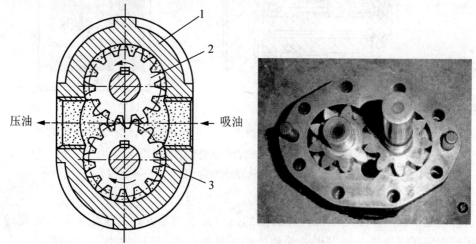

图 2-3　齿轮泵的工作原理及实物图
1—泵体；2—主动齿轮；3—从动齿轮

2. 外啮合齿轮泵的结构特点

1）泄漏

齿轮泵存在以下 3 个可能产生泄漏的部位。

（1）泵体内表面和齿顶间隙的泄漏：由于泄漏方向与齿轮转动方向相反，且压油腔到吸油腔通道较长，因此，其泄漏量相对较小，占总泄漏量的 10%～15%。

（2）齿面啮合处间隙的泄漏：由于齿形误差会造成沿齿宽方向接触不好而产生间隙，使压油腔与吸油腔之间造成泄漏，这部分泄漏量也很少。

（3）齿轮端面间隙的泄漏：齿轮端面与前后盖之间的端面间隙较大，此间隙的封油长度较短，因此泄漏量最大，占总泄漏量的 75%～80%。

综上所述，齿轮泵泄漏量较大，导致额定工作压力难以提高，若要提高齿轮泵的额定压力并保证较高的容积效率，首要的任务是减少沿端面间隙的泄漏。减少端面泄漏，采用设计较小间隙的方法并不能取得较好的效果，因为间隙过小，端面之间的机械摩擦损失就会增加，导致机械效率下降，且齿轮泵在经过一段时间运转后，由于磨损而使间隙变大，泄漏又会增加。

目前提高齿轮泵压力的方法是用齿轮端面间隙自动补偿装置。常用的端面间隙自动补偿装置有浮动轴套式和弹性侧板式两种，其原理都是将压力油液引入轴套或侧板外侧，使其紧贴齿轮端面，压力越高，贴得越紧，从而自动补偿由于端面磨损而产生的间隙，如图 2-4 所示。

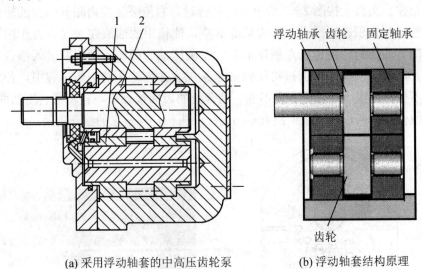

(a) 采用浮动轴套的中高压齿轮泵　　　　(b) 浮动轴套结构原理

图 2-4　采用浮动轴套的齿轮泵的结构原理

1、2—浮动轴套

2）液压径向不平衡力

在齿轮泵中，液体作用在齿轮外圆上的压力是不相等的，由于压力沿齿轮旋转方向从低压到高压逐渐上升，所以齿轮受到径向不平衡力的作用。工作压力越高，径向不平衡力也越大，径向不平衡力的分布情况如图 2-5 所示。此径向力可使轴弯曲，引起齿轮与泵壳体接触，降低轴承的寿命。这种危害会随着齿轮泵压力的升高而加剧，因此应采取措施加以控制，具体控制方法如下：

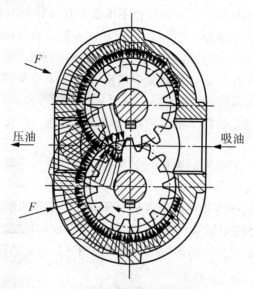

图 2-5　齿轮泵的径向不平衡力

（1）减小压油口的直径，使压力油仅作用在一到两个齿的范围内，由于压力油作用于齿轮上的面积减小，所以径向不平衡力也相应地减小。

（2）增大泵体内表面与齿轮齿顶圆的间隙，使齿轮即使在径向不平衡力的情况下，齿顶也不和泵体接触。

（3）开平衡槽，如图 2-6 所示在泵体上开压力平衡槽，把高压区的液体引到低压区，同时把低压区的液体引到高压区，这样使高、低压得到平衡。显然此种方法会使能量损失增大。

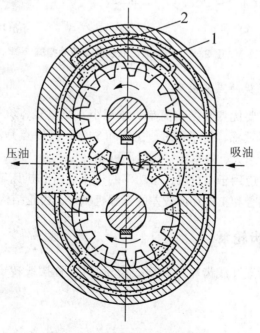

图 2-6　齿轮泵的压力平衡槽

1、2—压力平衡槽

3）困油现象

为保证油泵正常工作时高、低油腔互相不串通，在齿轮泵的轮齿啮合处存在封闭容积，该封闭容积内留有部分油液，如图2-7(a)所示。随着齿轮的旋转，此封闭容积在逐渐变小，如图2-7(b)所示，而此时它不与压油腔接触，被困油液无法排出，使得被困油液压力升高，油液在高压作用下，从缝隙中流出，导致油液发热，轴承等机件受到附加的不平衡负载作用；随着齿轮的继续旋转，封闭容积逐渐增大，如图2-7(c)所示，封闭容积内又会形成局部真空，使溶于油液中的气体分离出来，产生空穴，这就是齿轮泵的困油现象。

困油现象使齿轮泵产生强烈的噪声并引起振动和气蚀，会降低泵的容积效率，影响工作平稳性，缩短使用寿命。

消除困油现象的方法通常是在两端盖板上开一对矩形卸荷槽［图2-7(d)中虚线位置和图2-7(e)所示端盖上的矩形卸荷槽］，使封闭容积减小时通过右边的卸荷槽与压油腔相通，封闭容积增大时通过左边的卸荷槽与吸油腔相通，从而消除了困油现象。

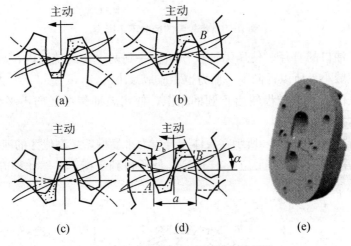

图2-7　齿轮泵困油现象及消除措施

3. 外啮合齿轮泵的优缺点及应用

外啮合齿轮泵的主要优点是结构简单、体积小、质量轻、价格低、容易加工、自吸性能好、对油液污染不敏感、便于修理、工作可靠等。其缺点是泄漏量大、工作压力较低、流量脉动较大、噪声大、效率低、排量不可调。

外啮合齿轮泵主要应用于小负载、小功率的机床设备和机床辅助装置，如夹紧机构、送料装置等不重要的场合和工作环境较差的工程机械等。齿轮结构如图2-8所示。

2.2.2　内啮合齿轮泵

内啮合齿轮泵分为渐开线齿轮泵和摆线齿轮泵（又称摆线转子泵）两种，其工作原理如图2-9所示。

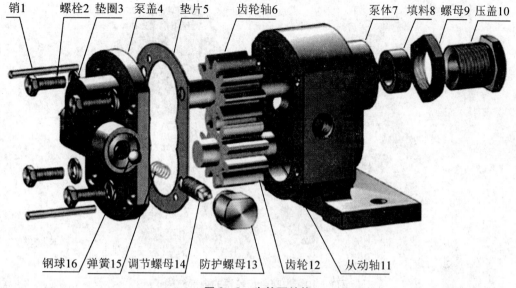

销1 螺栓2 垫圈3 泵盖4 垫片5 齿轮轴6 泵体7 填料8 螺母9 压盖10

钢球16 弹簧15 调节螺母14 防护螺母13 齿轮12 从动轴11

图2-8 齿轮泵结构

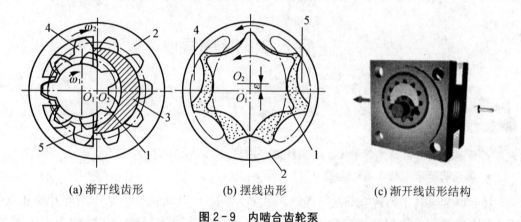

(a) 渐开线齿形　　　　　(b) 摆线齿形　　　　　(c) 渐开线齿形结构

图2-9 内啮合齿轮泵

1—主动小齿轮；2—从动外齿圈；3—月牙隔板；4—吸油腔；5—压油腔

在渐开线内啮合齿轮泵中，小齿轮与内齿圈之间有一月牙形隔板，以便把吸油腔和压油腔隔开。当小齿轮带动内齿圈绕各自的中心同方向旋转时，上半部轮齿退出啮合，形成真空，进行吸油。进入齿槽的油液被带到压油腔，下半部轮齿进入啮合，容积减小，从压油口排油。

摆线内啮合齿轮泵的主要零件是一对内啮合的齿轮。外齿圈齿数比小齿轮齿数多一个，不需设置隔板，小齿轮带动外齿圈同向旋转。工作时，所有小齿轮轮齿都进入啮合，形成几个独立的密封腔。随着小齿轮和外齿圈的啮合旋转，各密封腔的容积发生变化，从而进行吸油和压油。

内啮合齿轮泵结构紧凑、尺寸小、质量轻、运转平稳、噪声小、效率高、使用寿命长。但与外啮合齿轮泵相比，内啮合齿轮泵齿形复杂、加工工艺复杂、价格较高。图2-10为内啮合齿轮泵的内部结构。

图 2-10　内啮合齿轮泵的内部结构

1—外转子；2—内转子；3—泵轴；4—前端盖；5—泵体；6—后端盖；7—轴承套

任务 2.3　叶片泵

- 能说明叶片泵的工作原理、结构特点和应用。
- 能说明限压式叶片泵的工作原理。

　　按照叶片泵转子每转一周吸、压油的次数不同，叶片泵可分为单作用叶片泵和双作用叶片泵两种。单作用叶片泵转子每转一周，密闭工作容积完成一次吸油和一次压油，此泵多用于变量泵。双作用叶片泵转子每转一周，密闭工作容积完成两次吸油和两次压油，双作用叶片泵只能用于定量泵。如图 2-11 所示为双作用叶片泵的结构原理。

　　叶片泵具有结构紧凑、体积小、工作压力高、流量脉动小、噪声小、工作平稳和使用寿命长等优点。其缺点是结构复杂、自吸能力差、对油液的污染较敏感等。

2.3.1　双作用叶片泵

1. 双作用叶片泵的工作原理

　　双作用叶片泵的工作原理如图 2-12 所示。它是由定子 2、转子 3、叶片 1 及装在它们两侧的配油盘组成。定子内表面由两段半径为 R 的大圆弧、两段半径为 r 的小圆弧和 4 段过渡曲线所组成。定子和转子同心，在转子上沿圆周均布的若干个槽内分别安放有叶片，这些叶片可沿槽做径向滑动。在配油盘上，对应于定子 4 段过渡曲线位置开有 4 个腰形配油窗口(如图 2-12 所示的 a、b、c、d)，其中，两个窗口与泵的吸油口连通，为吸

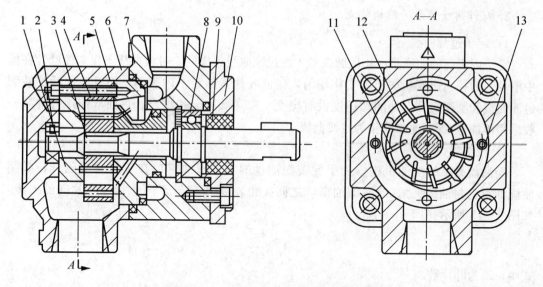

图 2-11 YB1 型双作用叶片泵结构原理

1、5—配油盘；2、8—滚针(动)轴承；3—传动轴；4—定子；

6、7—泵体；9—密封圈；10—盖板；11—叶片；12—转子；13—定位销

油窗口；另两个窗口与压油口连通，为压油窗口。当转子按图 2-12 所示方向旋转时，叶片在自身离心力和叶片根部的高压油液(由压油腔引入)作用下紧贴定子内表面，并在转子槽内往复滑动。当叶片由定子小半径 r 处向定子大半径 R 处运动时，相邻两叶片间的密封腔容积逐渐增大，形成局部真空，则从吸油窗口进行吸油；当叶片由定子大半径 R 处向定子小半径 r 处运动时，相邻两叶片间的密封腔容积逐渐减小，便从压油窗口压油。转子每转一周，每一叶片往复滑动两次，吸、压油作用发生两次，故此泵称为双作用叶片泵。由于吸、压油口对称分布，作用在转子和轴承上的径向液压力相平衡，所以此泵又称为卸荷式叶片泵。这种泵的流量均匀，噪声低，但流量不可调，一般只能做成定量泵。

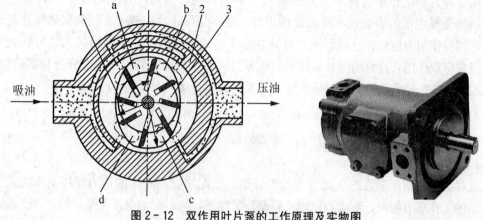

图 2-12 双作用叶片泵的工作原理及实物图

1—叶片；2—定子；3—转子；a、b、c、d—配油窗口

2. 双作用叶片泵的结构特点

1）定子过渡曲线

定子内表面的曲线是由4段圆弧和4段过渡曲线组成的。过渡曲线不仅应使叶片在槽中滑动时的径向速度和加速度变化均匀，保证叶片紧贴定子内表面，而且应使叶片转到过渡曲线和圆弧交接点处的加速度没有突变，以降低冲击和噪声。目前双作用叶片泵一般采用等加速/等减速曲线作为过渡曲线。

2）配油盘

配油盘是泵的配油机构。为了保证配油盘的吸、压油窗口在工作中能隔开，必须使配油盘上封油区夹角（即两配油窗口之间夹角）ε 大于或等于两个相邻叶片间的夹角，如图 2-13 所示，即

$$\varepsilon \geqslant \frac{2\pi}{Z}$$

式中，Z 为叶片数。

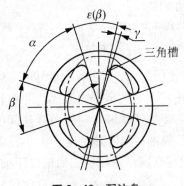

图 2-13　配油盘

此外，还要求定子圆弧部分的夹角 $\beta \geqslant \varepsilon$，以免产生困油和气穴现象。从图 2-13 可以看出，在配油盘的压油窗口上开有一个三角槽，主要用来减小泵的流量脉动和压力脉动。当相邻两叶片之间的密封油液从吸油区过渡到封油区时，两相邻叶片之间的油液压力基本与吸油区压力相同，而这部分液体从封油区到达压油窗口时，相当于一个低压区域突然和一个高压区域接通，这势必造成压油腔中的油液倒流进来，引起泵输出流量和压力的脉动。因此，在配油盘上从封油区进入压油区的压油窗口的一边开三角槽，可使低压液体逐渐进入压油窗口，压力逐渐上升，从而降低泵的流量脉动和压力脉动。三角槽的尺寸通常由实验确定。

3）叶片的倾角

由于叶片在工作中受离心力和根部压力油的作用，使得叶片紧贴定子内表面。这样叶片必将受到定子内表面对叶片的反作用力，尤其是当叶片在转子上径向安装并处在压油区时，其反作用力较大，这就影响了叶片在转子中的灵活滑动，使磨损加大。为解决此问题，通常将双作用叶片泵的叶片向转子旋转方向倾斜 α 角度安装，由理论分析和实验验证，一般取 α 为 10°～14°。图 2-14 所示为 YB1 型叶片泵详细内部结构。

3. 高压双作用叶片泵的结构特点

为提高双作用叶片泵的工作压力，需要采取以下措施。

1）端面间隙自动补偿

这种方法是将配油盘的一侧与压油腔连通，使配油盘在液压油推力作用下压向定子端面。泵的工作压力越高，配油盘就越会自动压紧定子，同时配油盘产生适量的弹性变形，使转子与配油盘间隙进行自动补偿，从而提高双作用叶片泵的输出压力。该方法与提高齿轮泵压力方法中的齿轮端面间隙自动补偿相类似。

图 2-14　YB1 型叶片泵内部结构

1—左泵体；2、6—配油盘；3—叶片；4—转子；5—定子；7—右泵体；8—盖板；

9、12—径向轴承；10—油封；11—传动轴；13—螺钉；

a—空腔；b—吸油窗口；c—压油窗口；d、e—环形槽；f—环槽；g、h、k—小孔；

r—油槽底部；s—卸荷槽；m—吸油口；n—压油口

2）减少叶片对定子作用力

前已阐述，为保证叶片顶部与定子内表面紧密接触，所有叶片根部都与压油腔相通。当叶片在吸油腔时，在叶片底部作用的是压油腔的压力，而在顶部作用的是吸油腔的压力，这一压力差使叶片以很大的力压向定子内表面，在叶片和定子之间产生强烈的摩擦和磨损，使泵的寿命降低。为减少叶片对定子的作用力，高压双作用叶片泵必须在结构上采取相应的措施，常用的措施如下：

（1）减少作用在叶片底部的油压力。将泵压油腔的油通过阻尼孔或减压阀等接通到处于吸油腔的叶片底部，使叶片处于吸油腔时，叶片压向定子内表面的作用力不致过大。

（2）减少叶片底部受压力油作用的面积。可利用减少叶片厚度的办法来减少压力油对叶片底部的作用力，但受目前材料、工艺条件的限制，叶片不能做得太薄，一般厚度为 1.8～2.5mm。

2.3.2　双联叶片泵和双级叶片泵

1. 双联叶片泵

双联叶片泵是由两个单级双作用叶片泵装在一个泵体内并联而成的。由同一传动轴带动两个叶片泵的转子旋转，各泵有独立的出油口，两泵流量可以相等，也可以不等。

双联叶片泵常用于有快进和工进要求的专用机床中，这时双联泵由一大流量泵和一小流量泵组成。当快进时两泵同时向系统供油，执行机构快速运动；当工进时大流量泵卸荷，系统由小流量泵单独供油，执行机构慢速进给。它与采用一个大流量泵相比，可节省能源，减少油液发热。

2. 双级叶片泵

双级叶片泵是由两个普通压力的单级叶片泵串接在一个泵体内组成的。第一个单级叶片泵的出油口与第二个单级叶片泵的进油口相接。双级叶片泵是为提高工作压力而设计的，如一个单级叶片泵的压力是7.0MPa，则双级叶片泵的压力可达到14.0MPa。

2.3.3 单作用叶片泵

1. 单作用叶片泵的工作原理

如图2-15(a)所示，单作用叶片泵是由转子1、定子2、叶片3和配油盘(未画出)等零件组成的。显然，与双作用叶片泵的最大区别是，定子的内表面是圆形的，转子与定子之间有一偏心距e，配油盘只开一个吸油窗口和一个压油窗口。当转子转动时，由于离心力作用，叶片顶部始终压在定子内圆表面上。这样两相邻叶片间与定子、转子、两侧配油盘就形成了密封工作容积。显然，当转子按图2-15(a)所示方向旋转时，图2-15(a)中右侧的叶片伸出容积增大是吸油腔，左侧的叶片缩回容积减小是压油腔。在吸油腔和压油腔之间用一段封油区把它们隔开，如图2-15(a)所示。由于在转子每转一周的过程中，每个密封容积完成吸油、压油各一次，因此称为单作用叶片泵。单作用叶片泵的转子受不平衡液压力的作用，故又被称为非卸荷式叶片泵。

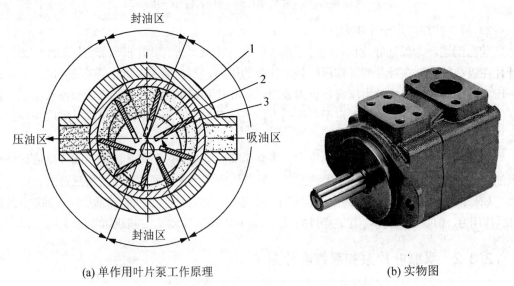

(a) 单作用叶片泵工作原理   (b) 实物图

图2-15 单作用叶片泵工作原理及实物图

1—转子；2—定子；3—叶片

2. 单作用叶片泵的结构特点

1）径向液压力不平衡

单作用叶片泵的转子及轴承上承受着不平衡的径向力，因此限制了泵工作压力的提高，故泵的额定压力不超过 7.0MPa。

2）定子和转子偏心安装

移动定子位置以改变偏心距 e，即可以调节泵的输出流量。偏心反向时，吸油、压油方向与原方向相反。

3）叶片后倾安装

为减小叶片与定子间的磨损，对叶片底部油槽采取在压油区与压油腔相通，在吸油区与吸油腔相通的结构形式。这样就使叶片的底部和顶部所受的液压力是平衡的，叶片向外运动仅靠离心力的作用。根据力学分析，与双作用叶片泵相反，双联叶片泵的叶片后倾一个角度更有利于叶片在离心力作用下向外伸出，通常后倾角为 24°。

2.3.4 限压式变量叶片泵

限压式变量叶片泵为单作用叶片泵，根据单作用叶片泵的工作原理可知，改变定子和转子之间的偏心距 e 便能改变泵的流量。限压式变量叶片泵就是利用输出压力的大小来控制偏心距的大小，从而使泵的输出流量发生改变的。当泵的压力低于某一可调限定压力值时，泵输出的流量最大；当压力高于限定压力值时，随着压力增加，泵的输出流量呈线性地减少。如图 2-16 所示，转子 2 的中心 O_1 是固定的，定子 3 的中心为 O_2，可以左右移动。在限压弹簧 5 的作用下，定子被推向左端，使定子中心 O_2 和转子中心 O_1 之间有一定初始偏心量 e_0，调节螺钉的位置可改变 e_0 的大小，e_0 决定了泵的最大流量 q_{max}。定

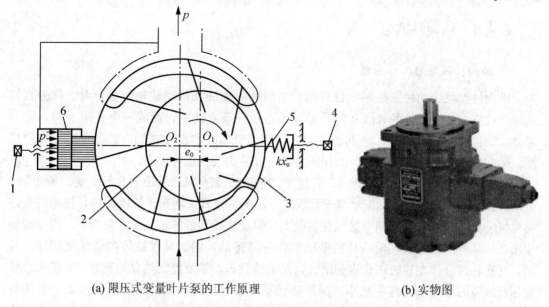

(a) 限压式变量叶片泵的工作原理   (b) 实物图

图 2-16 限压式变量叶片泵的工作原理及实物图
1、4—调节螺钉；2—转子；3—定子；5—限压弹簧；6—液压缸

子左侧装有液压缸 6，其左腔与泵出口相通。在泵工作过程中，液压缸活塞对定子施加向右的作用力 pA（A 为活塞有效作用面积）。随着外负载的增大，泵出口的液压力 p 也随之增加，当液压力增高到与弹簧力相平衡的控制压力 p_B 时，定子所受的液压力与弹簧力相平衡，有 $p_B A = kx_0$（k 为弹簧刚度，x_0 为弹簧的预压缩量），p_B 称为泵的限定压力。当泵的工作压力 $p < p_B$ 时，$pA < kx_0$，定子不动，最大偏心距 e_0 保持不变，泵的流量也维持最大值 q_{max}；当泵的工作压力 $p > p_B$ 时，$pA > kx_0$，限压弹簧被压缩，定子右移，偏心距减小，泵的流量也随之减小。

限压式变量叶片泵结构复杂，外形尺寸大，相对运动的机件多，泄漏较大，但是它能按照负载压力自动调节流量，在功率使用上较为合理，常用于执行机构需要有快慢速的机床液压系统，有利于节能和简化油路。

综上所述，叶片泵具有工作平稳、流量均匀、噪声小、寿命较长等优点，广泛应用于机械制造中的专用机床、组合机床、自动生产线等中低压液压系统中。但是，其结构较齿轮泵复杂，对油液污染敏感，转速不能太高。

任务 2.4　柱塞泵

• 能说明柱塞泵的工作原理、结构特点及应用。

柱塞泵是依靠柱塞在缸体中做往复运动，使密封工作容积发生变化来实现吸油和压油的。按柱塞的排列和运动方式不同，柱塞泵可分为轴向柱塞泵和径向柱塞泵两大类。

2.4.1　轴向柱塞泵

1. 轴向柱塞泵的工作原理

轴向柱塞泵中的柱塞是轴向排列的。当缸体的轴线和传动轴轴线重合时，称为直轴式轴向柱塞泵；当缸体的轴线和传动轴轴线不在一条直线上，而成一个夹角 γ 时，称为斜轴式轴向柱塞泵。图 2-17 和图 2-18 分别为直轴式和斜轴式轴向柱塞泵的工作原理图。轴向柱塞泵具有结构紧凑，工作压力高，容易实现变量等优点。

直轴式轴向柱塞泵由传动轴 1、斜盘 2、柱塞 3、缸体 4、配油盘 5 等组成。传动轴 1 带动缸体 4 旋转，斜盘 2 和配油盘 5 是固定不动的。柱塞 3 均布于缸体 4 内，柱塞的头部靠机械装置或在低压油作用下紧压在斜盘上。斜盘法线和缸体轴线的夹角为 γ。当传动轴按图 2-17 所示方向旋转时，柱塞既随缸体一同转动，同时又在缸体内做往复运动。显然，柱塞相对缸体左移时工作容积增大，是吸油状态，油液经配油盘的吸油口 a 吸入；柱塞相对缸体右移时工作容积减小，是压油状态，油液从配油盘的压油口 b 压出。缸体每转一周，每个柱塞完成吸、压油一次。如果改变斜角 γ 的大小和方向，就能改变泵的排量和吸、压油的方向，此时即为双向变量轴向柱塞泵。

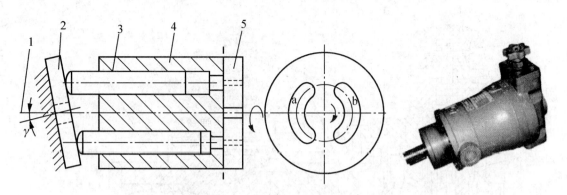

图 2-17   直轴式轴向柱塞泵及实物图
1—传动轴；2—斜盘；3—柱塞；4—缸体；5—配油盘

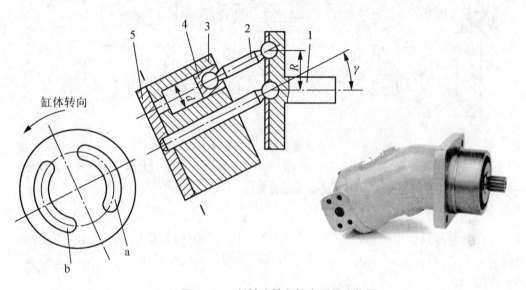

图 2-18   斜轴式轴向柱塞泵及实物图
1—传动轴；2—连杆；3—缸体；4—柱塞；5—配油盘

斜轴式轴向柱塞泵由传动轴 1、连杆 2、缸体 3、柱塞 4、配油盘 5 等组成，如图 2-18 所示。当传动轴 1 在电动机的带动下转动时，连杆 2 推动柱塞 4 在缸体 3 中做往复运动，同时连杆的侧面带动活塞连同缸体一同旋转。配油盘 5 是固定不动的。如果斜角 γ 的大小和方向可以调节，就意味着可以改变泵的排量和吸、压油方向，此时的泵为双向变量轴向柱塞泵。

2. 轴向柱塞泵的结构特点

如图 2-19 所示是目前应用比较广泛的手动变量直轴式轴向柱塞泵的结构图。它的主要结构及零件特点如下。

1）滑靴与柱塞

传动轴 13 通过花键带动缸体 15 旋转。柱塞 8 均匀安装在缸体上。柱塞的头部装有滑靴 7，滑靴与柱塞是球铰连接，可以任意转动，但不会脱落。这样，柱塞头部与滑靴呈面

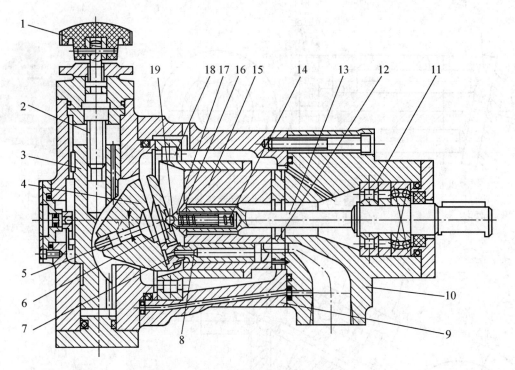

图 2-19　手动变量直轴式轴向柱塞泵的结构

1—手把；2—螺杆；3—活塞；4—斜盘；5—销子；6—压盘；7—滑靴；8—柱塞；9—中间泵体；
10—前泵体；11—前轴承；12—配油盘；13—传动轴；14—中心弹簧；15—缸体；16—外套；
17—内套；18—大轴承；19—钢球

接触，并在滑靴与斜盘相接触的部分有一个油室，压力油通过柱塞中间的小孔进入油室，在滑靴与斜盘之间形成一个油膜，起着静压支承作用，从而减少了磨损，同时也提高了泵的工作压力。

2）中心弹簧

由于柱塞必须通过滑靴紧贴在斜盘上，油泵才能正常工作。那么怎样才能使滑靴压紧在斜盘上呢？从图 2-19 中可以看出，中心弹簧 14 装在内套 17 和外套 16 之间，中心弹簧具有一定的预压缩力，其向左顶在内套的左端，通过钢球 19 和压盘 6 将滑靴压靠在斜盘 4 上。这样，当缸体转动时，柱塞就可以在缸体中做往复运动，完成吸油和压油过程；同时，中心弹簧向右顶向外套的右端，通过外套压向缸体 15，进而使缸体靠紧配油盘 12，用于避免由于旋转的缸体与固定不动的配油盘 12 之间的磨损而产生过大的间隙。配油盘与泵的吸油口和压油口相通，固定在前泵体 10 上。这种结构中的弹簧只承受静载荷，不易疲劳破坏。

3）变量机构

该泵右侧是主泵体，而左侧是手动变量机构。转动手把 1、螺杆 2 开始旋转，由于导键的作用，使变量活塞 3 上下移动，通过销子 5 使支承在变量壳体上的斜盘 4 绕其中心旋转，从而改变了斜盘的倾角 γ，使泵的输出流量得到改变。手动变量机构结构简单，但操作力比较大，一般只在停机或油泵压力较低的情况下才能进行变量。轴向柱塞泵的变量方式除上述手动以外还有很多种，如伺服变量、恒功率变量、恒压变量等。

图 2-20 所示为 10SCY14-1B 型直轴式轴向柱塞泵轴测图。

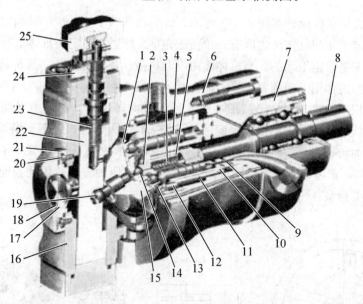

图 2-20　10SCY14-1B 型直轴式轴向柱塞泵轴测图

1—滑靴；2—内套；3—中心弹簧；4—柱塞；5—外套；6—泵体；7—前泵体；8—传动轴；9—配油盘；
10—缸体；11—缸套；12 大轴承；13—压盘；14—钢球；15—斜盘；16—变量壳体；17—刻度盘；
18、20—铁皮；19—销轴；21—盖；22—活塞；23—螺杆；24—锁紧螺母；25—调节手轮

图 2-21 所示为斜轴式轴向柱塞泵的轴测图。

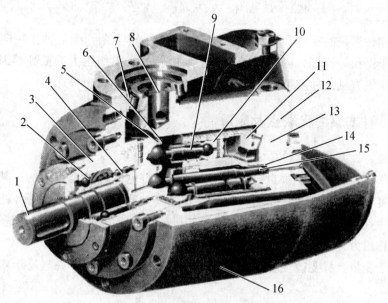

图 2-21　斜轴式轴向柱塞泵的轴测图

1—传动轴；2、4、7—轴承；3—前泵体；5—压圈；6—压板；8—槽；9—连杆；
10—柱塞；11—缸体；12—后泵体；13—配油盘；14—轴衬；15—心轴；16—外壳体

2.4.2 径向柱塞泵

径向柱塞泵的工作原理如图2-22所示。此泵由柱塞1、缸体2、衬套3、定子4和配油轴5组成。定子4和缸体2之间有一个偏心距 e。衬套3固定在缸体2孔内，随之一起转动。配油轴5是固定不动的。当缸体2由电动机带动连同柱塞1一起旋转时，柱塞在离心力（或低压油）的作用下，顶紧定子4的内壁，柱塞1在缸体的径向孔内运动，形成了泵的密封工作容积。显然，当转子按图2-18所示方向转动时，位于上半周的工作容积增大，处于吸油状态，油箱中的油液经配油轴上的a孔进入b腔；位于下半周的工作容积减小，则处于压油状态，c腔中的油液将从配油轴的d孔向外输出。改变定子与转子偏心距 e 的大小和方向，就可以改变泵的输出流量和泵的吸、压油方向。因此径向柱塞泵可以做成单向或双向变量泵。

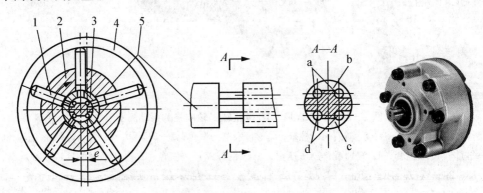

图2-22　径向柱塞泵的工作原理及实物图
1—柱塞；2—缸体；3—衬套；4—定子；5—配油轴

由于径向柱塞泵的径向尺寸大，自吸能力差，结构复杂，配油轴受径向不平衡液压力作用，易于磨损等原因，限制了径向柱塞泵的转速和工作压力的提高，因而，现应用的径向柱塞泵没有轴向柱塞泵广泛。

2.4.3 柱塞泵的优缺点及应用

综上所述，柱塞泵与齿轮泵、叶片泵相比有以下特点。

（1）工作压力高。由于密封容积是由缸体中的柱塞孔和柱塞构成的，其配合表面质量和尺寸精度容易达到要求，密封性好，结构紧凑，容积效率高。此外，柱塞泵的主要零件在工作中处于受压状态，故使零件材料的机械性能得到充分的利用。基于上述两点，这类泵的工作压力一般为20～40MPa，最高可达1000MPa。

（2）易于变量。只要改变柱塞行程便可改变液压泵的流量，并且易于实现单向或双向变量。

（3）流量范围大。只要改变柱塞直径或数量，便可得到不同的流量。

但柱塞泵也存在着对油污染敏感，滤油精度要求高，结构复杂，加工精度高，价格较昂贵等缺点。

上述特点表明，柱塞泵具有额定压力高，结构紧凑，效率高及流量调节方便等优点，被广泛用于高压、大流量和流量需要调节的场合，如液压机、工程机械、矿山冶金机械和船舶中。

 **拓展知识**

液压泵的选用及使用注意事项

一、液压泵的选用

在现代经济建设的各个领域中，液压系统的应用非常广泛，而液压泵又是液压系统中的核心元件，正确合理地选择液压泵对提高系统的效率，降低系统能耗及噪声，改善工作性能及保护系统的可靠工作具有非常重要的意义。

在选用各种液压泵时应遵循的主要原则如下：

（1）根据系统是否要求变量选用。如需变量则选择径向柱塞泵、轴向柱塞泵、单作用叶片泵等变量泵。

（2）根据工作压力选用。各液压系统所需工作压力各不相同，选择适合系统压力的液压泵，才能提高液压系统的效率，保证系统可靠运行。例如，柱塞泵压力 31.5MPa；叶片泵压力 6.3MPa，高压化以后可达 16MPa；齿轮泵压力 2.5MPa，高压化以后可达 21MPa。

（3）根据工作环境选用。工作环境对液压泵的正常使用有着重要的影响，在污染较大的场合最好选用齿轮泵，因为齿轮泵的抗污染能力最强。

（4）根据噪声指标选用。当前液压技术正向高压、大流量和大功率的方向发展，产生的噪声也随之增加。而在液压系统的噪声中，液压泵占有很大的比重，因此，合理选择液压泵对降低噪声有着非常重要的意义。低噪声泵有内啮合齿轮泵、双作用叶片泵和螺杆泵。

（5）根据液压泵效率选用。轴向柱塞泵的总效率最高；同一结构的泵，排量大的泵总效率高；同一排量的泵，在额定工况下工作时，总效率最高。各种液压泵的性能比较及应用见表 2-1。

表 2-1　各种液压泵的性能比较及应用

性能＼类型	外啮合齿轮泵	双作用叶片泵	限压式变量叶片泵	轴向柱塞泵	径向柱塞泵	螺杆泵
工作压力	低压	中压	中压	高压	高压	低压
流量可调性	不能调	不能调	可调	可调	可调	不能调
流量脉动	很大	很小	中等	中等	中等	最小
总效率	低	较高	较高	高	高	较高
自吸性能	好	较差	较差	差	差	好

续表

性能＼类型	外啮合齿轮泵	双作用叶片泵	限压式变量叶片泵	轴向柱塞泵	径向柱塞泵	螺杆泵
对油污染的敏感性	不敏感	较敏感	较敏感	很敏感	很敏感	不敏感
噪声	大	小	较大	大	大	最小
单位功率造价	最低	中等	较高	高	高	较高
应用范围	工程机械、农机、机床、航空、船舶等	工程机械、机床、液压机、注塑机、飞机等	机床、注塑机等	工程机械、起重机械、锻压机械、矿山机械、冶金机械、航空船舶等	机床、液压机械、船舶等	精密机械、食品、药品、化工、石油纺织等

总之，液压泵的选用要根据工作机构的工况、系统所需功率的大小以及系统对工作性能的要求，首先确定液压泵的类型，然后按系统所要求的压力、流量大小确定其规格型号，同时还要考虑性价比、维护方便与否等问题。比较前述各类液压泵的性能，有利于在实际工作中的正确选用。

二、使用注意事项

液压泵在运行中的操作要求如下。

（1）在液压泵运行前：要检查液压泵安装是否可靠，油液是否灌满，转向是否正确，安全阀调定值是否符合规定。

（2）在液压泵运行过程中：起动液压泵时应在系统卸荷状态下点动原动机开关数次，以将系统中的空气尽可能排净；起动后要先空载运行1~2min后再加载；加载过程中注意有无异常，若有异常则应立即停机分析、排除故障。

（3）在液压泵运行结束后：若液压泵长期不用，则应将泵内油液放出，灌满酸性高的油液，外露加工面涂防锈油，各油口用螺栓堵头封好。

⬇ 同步训练

2-1　简述液压泵完成吸油和压油必备的条件。

2-2　如果与液压泵吸油口相通的油箱是完全封闭的，不与大气相通，液压泵能否正常工作，为什么？

2-3　什么是液压泵的工作压力、额定压力？两者有何关系？液压泵铭牌上标注的为何压力？

2-4　为什么说液压泵的工作压力取决于负载，而执行机构的速度取决于流量？

2-5　液压泵的理论流量和实际流量有何区别？

2-6　常见液压泵有哪些类型？

2-7 齿轮泵的泄漏主要有哪几个途径？哪个泄漏量最大？

2-8 什么是齿轮泵的困油现象？有何危害？怎样消除？

2-9 齿轮泵的径向力不平衡会带来什么后果？消除径向力不平衡的措施有哪些？

2-10 什么是双联叶片泵？什么是双级叶片泵？

2-11 为什么称双作用液压泵为卸荷式叶片泵，而称单作用叶片泵为非卸荷式叶片泵？哪种可做变量泵？为什么？

2-12 柱塞泵有哪些特点？适用于何种场合？

2-13 某泵输出油压为10MPa，转速为1450r/min，排量为200mL/r，泵的容积效率为 $\eta_{vp}=0.95$，总效率为 $\eta_p=0.9$。求泵的输出液压功率及驱动该泵的电动机所需功率（不计泵的入口油压）。

2-14 已知某液压泵的转速为950r/min，排量为 $V_p=168mL/r$，在额定压力为29.5MPa和同样转速下，测得的实际流量为 150L/min，额定工况下的总效率为0.87，求：

(1) 液压泵的理论流量 q_t；

(2) 液压泵的容积效率 η_v；

(3) 液压泵的机械效率 η_m；

(4) 在额定工况下，驱动液压泵的电动机功率 P_i；

(5) 驱动泵的转矩 T。

2-15 已知某液压泵的输出压力为5MPa，排量为10mL/r，机械效率为0.95，容积效率为0.9，转速为1200r/min，求：

(1) 液压泵的总效率；

(2) 液压泵的输出功率；

(3) 电动机的驱动功率。

项目3

熟识液压执行元件

液压执行元件是将液压系统中油液的压力能转化成机械能的装置。它包括液压马达和液压缸。如液压自卸车中的液压缸作为升举机构，顶起货箱使其卸载。由于液压执行元件是直接带动负载工作的元件，因此是液压系统中非常重要的液压元件。

液压自卸车

任务 3.1　液压马达

液压马达是将液压能转化成机械能，并输出旋转运动的液压执行元件。

- 能理解液压马达的工作原理及性能参数。
- 能简述马达的结构特点及应用。

3.1.1　液压马达的特点及分类

液压马达与液压泵在原理上有可逆性，但因用途不同，结构上有些差别：液压马达要求正反转，其结构具有对称性；液压马达的转速范围需能适合工作机构的需要，变化范围较大，特别对最低稳定转速有一定的要求；液压马达是在输入压力油条件下工作的，所以不必具备自吸能力，但需要具有一定的初始密封性，才能提供必要的起动转矩。由于存在着这些差别，使液压马达和液压泵在结构上比较相近，但不能可逆工作。

液压马达可分为高速液压马达和低速大转矩液压马达两大类。额定转速＞500r/min 为高速液压马达；反之，额定转速＜500r/min 为低速液压马达。高速液压马达的转子转动惯量小，反应迅速，动作快，但输出的转矩相对较小。这类液压马达主要有齿轮式、叶片式和柱塞式等几种主要形式。低速液压马达的主要特点是排量大、体积大、转速低，最常见的是径向柱塞式液压马达，另外在轴向柱塞式、叶片式、齿轮式中也有低速马达。一般情况下，低速马达输出转矩较大，由于速度低，可不用减速装置。

3.1.2　液压马达的工作原理

1. 轴向柱塞式液压马达

轴向柱塞式液压马达的工作原理、图形符号及实物图如图 3-1 所示。斜盘 1 和配油盘 4 固定不动，柱塞 3 可在缸体 2 的孔内移动。斜盘中心线和缸体中心线相交一个倾角 γ。高压油经配油盘的窗口进入缸体的柱塞孔时，高压腔的柱塞被顶出，压在斜盘上。斜盘对柱塞的反作用力 F_N 分解为轴向分力 F 和垂直分力 F_1。F 与作用在柱塞上的液压力平衡，F_T 则产生使缸体发生旋转的转矩，带动传动轴 5 转动。液压马达产生的转矩应为所有处于高压腔的柱塞产生的转矩之和，即

$$T = \sum F_T R \sin\beta = FR \tan\gamma \sin\beta \tag{3-1}$$

式中，R 为柱塞在缸体上的分布圆半径；β 为任意柱塞和缸体垂直中心线的夹角。

可见，随着角 β 的变化，每个柱塞产生的转矩是变化的，液压马达对外输出的总的转矩也是脉动的。若改变斜盘倾角 γ，则马达的排量随之改变，从而可调节马达的转矩和转速。改变压油和进油方向可改变马达的转动方向。

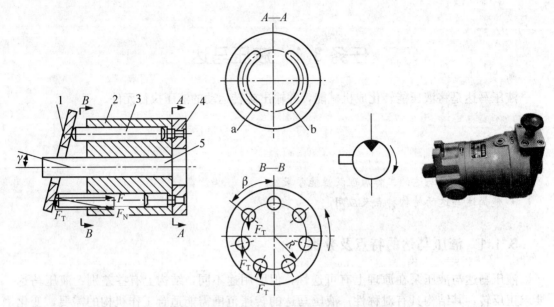

图 3-1 轴向柱塞式液压马达的工作原理、图形符号及实物图
1—斜盘；2—缸体；3—柱塞；4—配油盘；5—传动轴

2. 叶片式液压马达

叶片式液压马达的工作原理及实物图如图 3-2 所示，当压力油经配油窗口进入压油腔后，叶片 1、3、5、7 一侧受高压油作用，另一侧则受到回油腔的低压油作用。而叶片 3、7 伸出的面积大于叶片 1、5 伸出的面积，所以叶片 3、7 受到的总液压力大于叶片 1、5 受到的总液压力。这样因受力不平衡使转子产生了转矩，转子便按图 3-2 所示方向开始旋转。

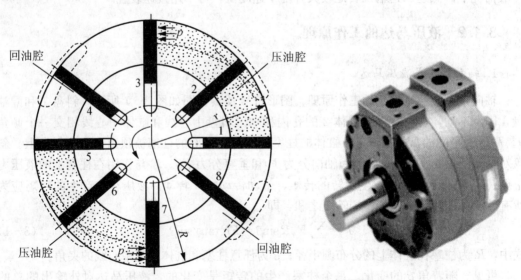

图 3-2 叶片式液压马达的工作原理及实物图
1、2、3、4、5、6、7、8—叶片

由于液压马达常要求能正反转，所以叶片式液压马达的叶片要径向安装。为使叶片式液压马达在压力油通入后能正常起动，叶片顶部和定子内表面必须紧密接触，以形成良好的密封工作容积，因此在叶片根部应设置预紧弹簧。

叶片式液压马达体积小，转动惯量小，动作灵敏，较适合于换向频率较高的场合，但马达的泄漏量较大，低速工作时不稳定。因此叶片式液压马达一般用于转矩小、转速高和动作要求灵敏的场合。

3.1.3　液压马达的主要性能参数

1. 工作压力和额定压力

马达入口工作介质的实际压力称为马达的工作压力 p。马达入口压力和出口压力的差值称为马达的工作压差。在马达出油口直接通油箱的情况下，为便于定性分析问题，通常近似认为马达的工作压力等于工作压差。

马达在正常工作条件下，按实验标准规定连续运转的最高压力称为马达的额定压力。与泵相同，马达的额定压力亦受泄漏和强度的制约，超过此值时就会过载。

2. 流量和排量

马达入口处的流量称为马达的实际流量 q。马达密封容积变化所需要的流量称为马达的理论流量 q_t。实际流量和理论流量之差即为马达的泄漏量。马达轴每转一周，由其密封容积几何尺寸变化计算而得到的液体体积称为马达的排量。

3. 转速和容积效率

马达的理论输出转速等于输入马达的流量 q 与排量 V 的比值。因马达实际工作时存在泄漏，在计算实际转速 n 时，应考虑马达的容积效率 η_v，马达的实际输出转速为

$$n = \frac{q}{V}\eta_v \tag{3-2}$$

当液压马达的泄漏流量为 q_l 时，则马达的实际流量为 $q = q_t + q_l$。这时，液压马达的容积效率为

$$\eta_v = \frac{q_t}{q} \tag{3-3}$$

4. 转矩和机械效率

设马达的出口压力为零，入口压力即工作压力为 p，排量为 V，则马达的理论输出转矩 T_t 为

$$T_t = \frac{pV}{2\pi} \tag{3-4}$$

因马达实际上存在着机械摩擦，故在计算实际输出转矩时，应考虑机械效率 η_m。当液压马达的转矩损失为 T_l，则马达的实际转矩为 $T = T_t - T_l$。这时，液压马达的机械效率为

$$\eta_m = \frac{T}{T_t} \tag{3-5}$$

则液压马达实际输出转矩为

$$T = \frac{pV}{2\pi} \eta_\mathrm{m} \qquad (3-6)$$

5. 功率和总效率

马达的输入功率 P_i 为

$$P_\mathrm{i} = pq \qquad (3-7)$$

马达的输出功率 P_o 为

$$P_\mathrm{o} = 2\pi n T \qquad (3-8)$$

马达的总效率 η 即为

$$\eta = \frac{P_\mathrm{o}}{P_\mathrm{i}} = \eta_\mathrm{m} \eta_\mathrm{v} \qquad (3-9)$$

由式(3-9)可见，液压马达的总效率等于机械效率与容积效率的乘积，这一点与液压泵相同。

任务 3.2　液压缸

液压缸是液压系统的执行元件，把液体的压力能转换为机械能，实现工作机构的直线往复运动或摆动。

任务详解

- 能阐述液压缸的类型与结构特点。
- 能进行单杆活塞缸活塞运动的速度和推力计算。
- 能进行差动油缸的工作原理分析和速度、推力计算。

3.2.1　液压缸的分类和特点

液压缸种类很多，按其结构形式分为活塞缸、柱塞缸和摆动缸三类。活塞缸和柱塞缸实现往复运动，输出推力和速度，摆动缸则能实现小于 360° 的往复摆动，输出转矩和角速度。液压缸按作用方式分为单作用和双作用两种。单作用液压缸利用液压力实现单方向运动，反向运动由外力实现；双作用液压缸利用液压力实现两个方向的运动。

1. 活塞式液压缸

活塞式液压缸分为双杆式和单杆式两种。

1) 双杆式活塞缸

双杆式活塞缸的活塞两端都有一根直径相等的活塞杆伸出，按其安装方式不同又可以分为缸筒固定式和活塞杆固定式两种。

双杆式活塞缸如图 3-3 所示，图 3-3(a) 为双杆式活塞实物图，图 3-3(b) 为缸体固定式，进、出油口位于缸筒两端，运动部件移动范围是活塞有效行程的三倍，该安装方式占地面积大，仅适用于小型机床。图 3-3(c) 为活塞杆固定式，运动部件移动范围是活塞有效行程的两倍，占地面积小，适用于大、中型机床。

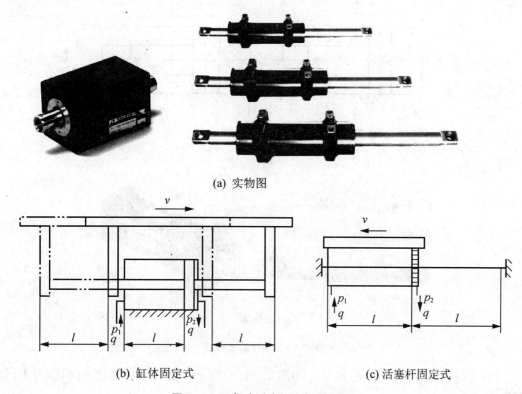

(a) 实物图

(b) 缸体固定式   (c) 活塞杆固定式

图 3-3 双杆式活塞缸实物图及原理

由于双杆式活塞缸两端的活塞杆直径一般是相等的，所以，其左、右两腔的有效面积也相等。当液压缸左、右两腔的供油压力和输入流量不变时，则左、右两个方向的推力和速度相等。设活塞的直径为 D，活塞杆的直径为 d，输入流量为 q，活塞缸进、出油腔的压力为 p_1 和 p_2，此时，活塞（或缸体）在两个方向上的运动速度 v 和推力 F 为

$$v = \frac{q}{A} = \frac{4q}{\pi(D^2 - d^2)} \qquad (3-10)$$

$$F = (p_1 - p_2)A = \frac{\pi}{4}(D^2 - d^2)(p_1 - p_2) \qquad (3-11)$$

式中，A 为活塞有效作用面积。

由于双杆式活塞缸两端输出的速度和推力相同，所以常用于要求往复运动的速度和负载相同的场合，如平面磨床和研磨机等。

2）单杆式活塞缸

如图 3-4 所示为双作用单杆式活塞缸，它只在活塞的一端有活塞杆，缸的两腔有效工作面积不相等。安装方式也有缸体固定和活塞杆固定两种，但运动部分移动范围都是活塞有效行程的两倍。因两腔有效工作面积不等，当输入活塞缸的两腔流量为 q，进、出油口压力分别为 p_1 和 p_2 时，其活塞上所产生的速度 v_1 和推力 F_1 均不相等。

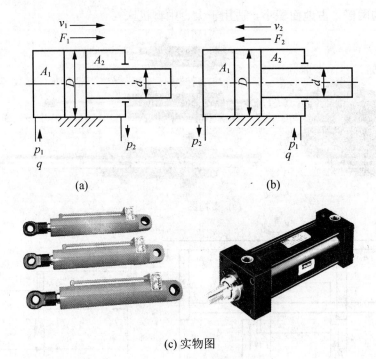

(c) 实物图

图 3 - 4 单杆式活塞缸

（1）无杆腔进油，有杆腔回油，如图 3 - 4(a)所示，活塞运动速度 v_1 和推力 F_1 分别为

$$v_1 = \frac{q}{A_1} = \frac{4q}{\pi D^2} \tag{3-12}$$

$$F_1 = p_1 A_1 - p_2 A_2 = \frac{\pi}{4} \left[(p_1 - p_2) D^2 + p_2 d^2 \right] \tag{3-13}$$

（2）有杆腔进油，无杆腔回油，如图 3 - 4(b)所示，活塞运动速度 v_2 和推力 F_2 分别为

$$v_2 = \frac{q}{A_2} = \frac{4q}{\pi(D^2 - d^2)} \tag{3-14}$$

$$F_2 = p_1 A_2 - p_2 A_1 = \frac{\pi}{4} \left[(p_1 - p_2) D^2 - p_1 d^2 \right] \tag{3-15}$$

对上述各式比较可知，$v_1 < v_2$，$F_1 > F_2$，即活塞伸出时，速度较小，推力较大；活塞缩回时，速度较大，推力较小。因此，单杆式活塞缸通常适用于一个方向有较大负载且运动速度较小，而另一个方向空载且快速退回的场合。例如，各种压力机、注塑机、金属切削机床、起重机等液压系统中常用的单杆式活塞缸。

（3）差动连接。如图 3 - 5 所示，工程中经常遇到单杆式活塞缸左、右两腔同时接通压力油的情况，这种连接方式称为差动连接，此缸称为差动缸。差动连接的显著特点是在不增加输入流量的情况下提高活塞的运动速度。在忽略两腔连通油路压力损失的情况下，活塞缸两腔压力相等，但两腔活塞的有效工作面积不相等，因此，活塞将向有杆腔方向运动（缸体固定时）。有杆腔排出的油液（流量为 q'）和油源输入的油液（流量为 q）一起进入无杆腔，增加了进入无杆腔的流量，从而提高了活塞的运动速度。差动连接时，活塞输出的速度 v_3 和推力 F_3 分别为

$$v_3 = \frac{q+q'}{A_1} = \frac{q + \frac{\pi}{4}(D^2 - d^2)v_3}{\frac{\pi}{4}D^2}$$

即

$$v_3 = \frac{4q}{\pi d^2} \qquad (3-16)$$

$$F_3 = p_1(A_1 - A_2) = \frac{\pi d^2}{4}p_1 \qquad (3-17)$$

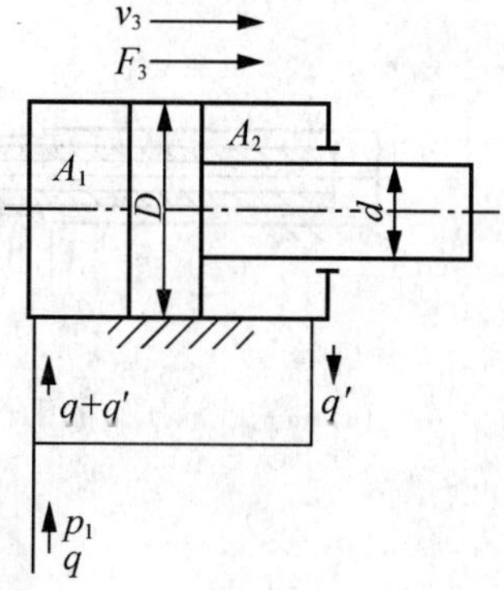

图 3-5 差动连接液压缸

从式(3-16)和式(3-17)可以看出，差动连接时，实际起作用的有效面积是活塞杆的面积。如果要使活塞伸出和缩回速度相等，即 $v_3 = v_2$，由式(3-16)和式(3-14)可知，则 $D = \sqrt{2}d$。

对式(3-12)和式(3-16)及式(3-13)和式(3-17)比较可知，差动连接时液压缸的速度比非差动连接时大，推力比非差动连接时小，利用这一点，可在不加大油源流量供应的情况下得到较快的运动速度，这种连接方式被广泛应用于组合机床需要"快进(差动连接)→工进(无杆腔进油)→快退(有杆腔进油)"的液压动力滑台和其他机械设备的快速运动中。

2. 柱塞式液压缸

柱塞式液压缸是单作用液压缸，即靠液压力只能实现一个方向的运动，回程要靠自重(当液压缸垂直放置时)或其他外力。如图 3-6(a)所示为柱塞式液压缸的工作原理。

柱塞式液压缸主要由缸筒、柱塞及导向套等组成。工作时压力油进入缸筒内左端，作用于柱塞的左端面上，推动活塞向右移动。为获得双向运动，柱塞缸常成对使用，如图 3-6(b)所示。

当柱塞直径为 d，输入油液的流量为 q，压力为 p 时，柱塞式液压缸运动速度 v 和液压推力 F 分别为

$$v = \frac{q}{A} = \frac{4q}{\pi d^2} \qquad (3-18)$$

$$F = pA = \frac{\pi}{4}pd^2 \qquad (3-19)$$

式中，A 为柱塞有效面积。

由于柱塞运动时，由缸盖上的导向套来导向，因此，柱塞和缸筒的内壁不接触，缸筒内孔只需粗加工即可。另外，由于柱塞质量往往比较大，水平放置时容易因自重而下垂，造成密封件和导向件单边磨损，故柱塞式液压缸垂直使用较为有利。为减轻柱塞质量，有时制成空心柱塞。柱塞式液压缸工艺性好、成本低，特别适合行程较长的场合，如龙门刨、导轨磨床等。

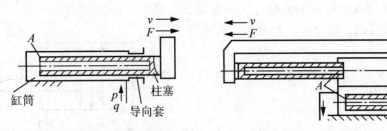

(a) 柱塞式液压缸的工作原理   (b) 为获得双向运动而成对使用的柱塞缸

(c) 柱塞缸实物图

图 3-6　柱塞式液压缸工作原理及实物图

3. 摆动式液压缸

摆动式液压缸也称摆动液压马达，有单叶片和双叶片两种形式，如图 3-7 所示。图 3-7 中定子块 1 固定于缸体 2 上，叶片与摆动轴连成一体。当进油口通入压力油时，叶片受液压力作用带动摆动轴一起摆动。图 3-7(a) 为单叶片式摆动缸，其摆动角度最大可达 300°；图 3-7(b) 为双叶片式摆动缸，其摆动角度最大可达 150°。常用于回转夹具、转位装置、送料装置、周期性进给及工程机械的液压系统中。图 3-7(c) 所示为摆动式液压缸实物图。

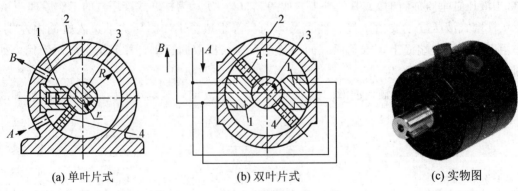

(a) 单叶片式   (b) 双叶片式   (c) 实物图

图 3-7　摆动式液压缸及实物图

1—定子块；2—缸体；3—摆动轴；4—叶片

4. 其他常用液压缸

1) 伸缩式液式缸

伸缩式液压缸又称多级液压缸。它是由两个或多个活塞套装而成的，前一级活塞缸的活塞杆是后一级活塞缸的缸筒。活塞伸出时能获得很长的工作行程，缩回时可保

持很小的结构尺寸 。常用于所占空间小，且可实现长行程工作的机械上，如起重机的伸缩臂、自卸车辆举升缸等。如图 3-8 所示，活塞外伸是逐级进行的，首先是最大直径的缸筒活塞外伸，当其到达行程终点时，稍小的缸筒活塞开始外伸，这样各缸筒活塞逐级外伸。由于有效工作面积逐次减小，所以，当输入流量相同时，外伸速度逐级增大；当负载恒定时，液压缸的工作压力逐级增高。空载缩回的顺序一般是从小活塞到大活塞。

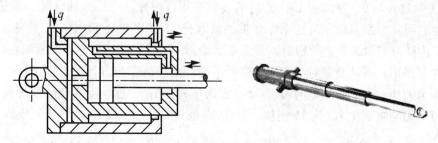

图 3-8 伸缩式液压缸及实物图

2）增压缸

在一些短时或局部要求有高压液体的液压系统中，常用增压缸与低压大流量泵配合产生高压液体。如图 3-9 所示为增压缸的工作原理图及实物图，当低压为 p_1 的油液进入增压缸的大活塞腔，推动其运动时，大活塞推动与其连成一体的小活塞输出压力为 p_2 的高压油，当大活塞直径为 D，小活塞直径为 d 时，有

$$p_2 = \left(\frac{D}{d}\right)^2 p_1 \qquad (3-20)$$

式中，(D/d^2) 为增压比，它代表增压的能力大小。

显然增压能力是在降低有效流量的基础上得到的，也就是说增压缸仅仅是增大输出的压力，并不能增大输出的能量。增压缸常用于压铸机、造型机等机械的液压系统中。

3）齿条活塞缸

如图 3-10 所示，齿条活塞缸由带有齿条杆的双活塞缸和齿轮齿条机构所组成。齿条活塞缸又称无杆式液压缸，活塞的往复移动经齿轮齿条机构转换成齿轮轴的周期性的往复转动。它多用于自动生产线、组合机床等的转位或分度机构中。

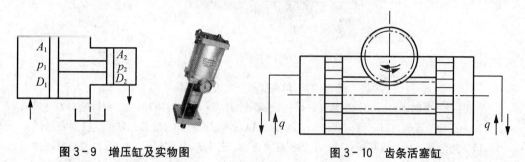

图 3-9 增压缸及实物图　　　　　图 3-10 齿条活塞缸

3.2.2 液压缸的结构

1. 液压缸的典型结构

液压缸的结构形式很多，现以一种典型单杆液压缸为例，来说明液压缸的基本结构组成，如图3-11(a)所示。它主要由缸筒7、活塞21、活塞杆16、缸头18、缸底1、缸盖13、法兰盘3和9、导向套11、密封圈装置等零件组成。当压力油从某一侧进、出油口进入时，可使活塞实现往复运动，并带动活塞杆16在导向套11中左右移动。活塞21与缸筒7内壁靠密封装置进行密封。当活塞运动到左右终点前，缓冲套切断油路，排油只能经节流阀排出，缓冲装置对活塞运动进行缓冲，防止活塞与缸盖发生撞击(图3-11中左端未画节流阀，右端未画单向阀)。套在缸筒7外部的法兰盘3、9与缸筒焊接成一体，然后通过螺钉与缸底1、缸头18连接，缸盖13也是靠螺钉与缸头18连接而成的。

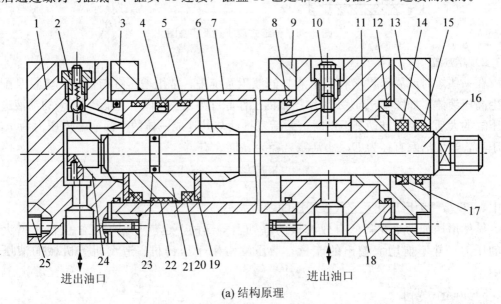

(a) 结构原理

(b) 实物图

图3-11 单杆式液压缸及实物图

1—缸底；2—单向阀；3、9—法兰盘；4—格莱圈密封；5、22—导向环；6—缓冲套；7—缸筒；
10—缓冲节流阀；11—导向套；8、12、23—O形密封圈；13—缸盖；14—斯特封密封；
15—防尘圈；16—活塞杆；17—Y形密封圈；18—缸头；19—护环；20—YX型密封圈；
21—活塞；24—无杆端缓冲套；25—螺钉

2. 液压缸组件

1) 缸体组件

缸体组件通常由缸筒、缸底、缸盖、导向环等组成。缸体组件与活塞组件构成密封的容腔，承受压力。因此缸体组件要有足够的强度、较高的表面精度和可靠的密封性。缸筒可以用铸铁(工作压力 $p < 10\mathrm{MPa}$)、无缝钢管(工作压力 $p < 20\mathrm{MPa}$)及铸钢或锻钢(工作压力 $p > 20\mathrm{MPa}$)制成。常见的缸体组件连接形式如图 3 - 12 所示。

从加工的工艺性、外形尺寸和拆装是否方便不难看出各种连接的特点。图 3 - 12(a)所示是法兰连接，其加工和拆装都很方便，只是外形尺寸较大，适用于大、中型液压缸。如图 3 - 12(b)所示是半环连接，该连接工艺性好，拆装方便，但要求缸筒有足够的壁厚，常用于无缝钢管缸与端盖的连接。如图 3 - 12(c)和图 3 - 12(f)所示是螺纹连接，分为外螺纹连接和内螺纹连接两种。其结构紧凑，外形尺寸小，但拆装不方便，要有专用工具，一般用于小型液压缸。如图 3 - 12(d)所示是拉杆式连接，拆装容易，但外形尺寸大，拉杆受力后会拉伸变形，影响密封效果，故只适用于长度不大的中、低压液压缸。如图 3 - 12(e)所示是焊接连接，其结构简单，尺寸小，但可能因焊接引起缸筒变形，多适用于柱塞液压缸。

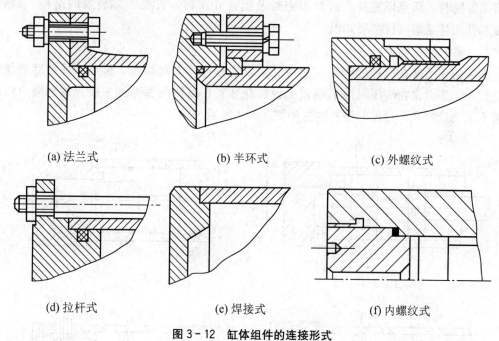

(a) 法兰式   (b) 半环式   (c) 外螺纹式

(d) 拉杆式   (e) 焊接式   (f) 内螺纹式

图 3 - 12 缸体组件的连接形式

2) 活塞组件

活塞组件由活塞、活塞杆和连接件等组成。活塞受压力作用，在缸筒内做往复运动，因此，活塞必须具有一定的强度和良好的耐磨性。活塞一般用铸铁或钢料制造。

活塞杆是连接活塞和工作部件的传力零件，必须有足够的强度和刚度。活塞杆无论是实心还是空心的，通常都是用钢料制造的。活塞杆在导向套内做往复运动，由于其外圆表面要求具有耐磨和防锈性能，所以活塞杆外圆表面有时需进行镀铬处理。

活塞组件的连接方式有多种，如图 3-13 所示为半环式连接和螺纹式连接。半环式强度高，工作可靠，但结构复杂。螺纹式结构简单，拆装方便，但要防止螺母脱落。

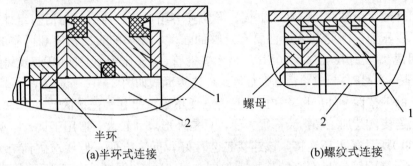

(a)半环式连接　　　　　　　　　　　　　(b)螺纹式连接

图 3-13　活塞和活塞杆的连接

1—活塞；2—活塞杆

3）密封形式

液压缸中的密封是指活塞、活塞杆和缸盖等处的密封，用来防止液压缸内部和外部的泄漏。液压缸中密封设计的好坏，对液压缸的性能有着重要影响。常用的密封形式主要有间隙密封、活塞环密封、密封圈密封及组合式密封，有关密封装置的结构、材料、安装和使用详见本项目拓展知识。

4）缓冲装置

为了防止活塞在行程的终点与前后端盖发生碰撞，引起噪声，影响工件精度或使液压缸损坏，所以常在液压缸前后端盖上设缓冲装置，以使活塞移到快接近行程终点时速度慢下来直到停止。常见的缓冲装置如图 3-14 所示。

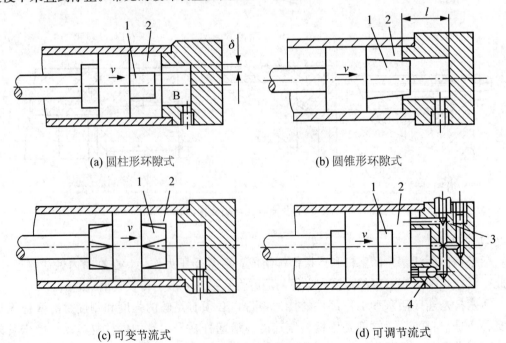

(a) 圆柱形环隙式　　　　　　　　　　　(b) 圆锥形环隙式

(c) 可变节流式　　　　　　　　　　　(d) 可调节流式

图 3-14　缓冲装置

1—柱塞；2—回油腔；3—斜形节流阀；4—单向阀

如图 3-14(a)和图 3-14(b)所示为圆柱形环隙式和圆锥形环隙式缓冲装置，活塞端部有圆柱形或圆锥形缓冲柱塞，当柱塞 1 运动到液压端盖处的圆柱光孔时，封在回油腔 2 中的油液只能从环形缝隙中挤出，此时，活塞受到很大的阻力，使其速度下降，从而避免活塞和缸盖的相互碰撞。

如图 3-14(c)所示为可变节流式缓冲装置，在活塞两端的柱塞 1 上开有变截面的轴向三角节流槽。当柱塞移近端盖时，回油腔 2 中的油液只能经过三角槽流出，因而使活塞受到制动作用。随着活塞的移动，三角槽通流截面逐渐变小，阻力作用增大，因此，缓冲作用均匀，冲击压力较小，制动位置精度高。

如图 3-14(d)所示为可调节流式缓冲装置，当活塞上的柱塞 1 进入端盖凹腔后，回油腔 2 中的液体只能通过针形节流阀 3 流出，迫使活塞制动。调节节流阀的开口，可以改变制动阻力的大小。单向阀的作用是活塞反向运动时，油液可迅速进入油腔，达到起动平稳、迅速的目的。这种缓冲装置可根据负载做适当调整，因此得到广泛应用。

5）排气装置

由于液体中混有空气或液压缸停止使用时会有空气侵入，在液压缸的最高部位常会聚积空气，若不排除就会使缸的运动不平稳，引起爬行和振动，严重时会使液体氧化，腐蚀液压元件。为解决此问题，须在液压缸的最高部位设置排气装置。对于要求不高的液压系统往往不设专门的排气装置，而是将进、出油口布置在缸筒两端的最高处，使缸中的空气随油液的流动而排走。对于速度稳定性要求较高的液压系统以及较大型的液压缸，则必须设置排气装置。常用的排气装置如图 3-15 所示。

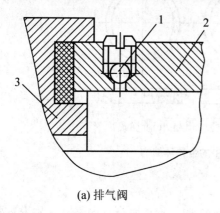
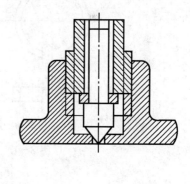

(a) 排气阀　　　　　　　　　　　　　　　　(b) 排气塞

图 3-15　排气装置

1—排气阀；2—缸筒；3—缸盖

 **拓展知识**

液压缸的密封形式

1. 间隙密封

间隙密封是一种最简单的密封形式，常用在活塞直径较小、工作压力较低的液压缸中。间隙密封的结构如图 3-16 所示。它是依靠相对运动的工件配合表面之间的微小间隙 h(0.02～0.05mm)来防止泄漏的。为增大油液从高压腔向低压腔泄漏的阻力，减小泄漏，一般在活塞上开出若干道环形槽。

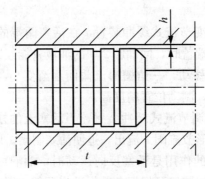

图 3-16　间隙密封的结构

2. 活塞环密封

活塞环密封中的金属环结构如图 3-17 所示。这种密封是通过在活塞外表面的环形槽中放置切了口的金属环来实现的。金属环依靠弹性变形紧贴在缸筒内表面上，在高温、高压和高速运动场合有很好的密封性能。其缺点是制造工艺比较复杂，成本高。

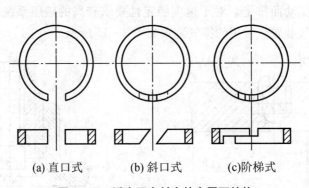

(a) 直口式　　　　(b) 斜口式　　　　(c)阶梯式

图 3-17　活塞环密封中的金属环结构

3. 密封圈密封

密封圈密封的形式结构简单，磨损后能自动补偿，并且密封性能会随着压力的加大而提高，在工程中得到广泛应用。下面介绍几种常见的密封圈。

如图 3-18(a)所示为 O 形密封圈的结构，其截面形状为圆形，是一种可承受双向作用的密封元件，安装时在径向或轴向有初始压缩。由系统压力和初始密封力一起合成总密封力，其密封力随系统的压力提高而增大，所以密封性能好，但预压缩量要适当，过大或过小都将对运动或密封产生不良影响。当压力大于 10MPa 时，O 形密封圈可能会被压力油挤入配合间隙中而损坏，如图 3-18(b)所示，为此，需要在 O 形密封圈低压侧设置挡圈，如果是双向受力，则两侧都需要设置挡圈，如图 3-18(c)所示。O 形密封圈可用作主要密封件，也可以用作复合密封结构的应力元件，应用较广泛。

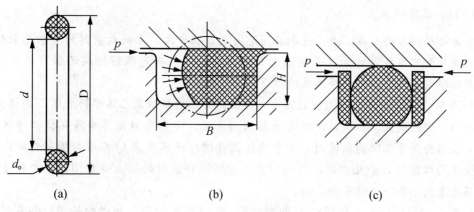

图3-18　O形密封圈

　　如图3-19所示为Y形密封圈，Y形密封圈因其横截面的形状类似英文字母Y而得名，属于唇形密封装置。Y形密封圈是单向作用密封元件，安装时两唇面向油压，以便在压力油作用下使两唇张开避免油液泄漏。这种密封圈的密封效果来自于它本身的预加载荷，以及在安装时密封唇的压缩。在工作时，系统的压力增大了密封的机械接触力，密封效果较好，能补偿磨损的影响。如果系统压力波动较大，运动速度较高，则须考虑在Y形密封圈中添加支承件。大多数的Y形密封圈采用耐油橡胶或聚氨酯橡胶。此密封圈应用于各种机械设备中，广泛用于油缸活塞或活塞杆中的密封，双向密封时应成对使用，适用于液体和气体介质。

　　如图3-20所示为V形密封圈，其截面呈V形，这种密封装置由V形密封圈、压环和支承环组成。它也属于唇形密封装置，对压力的作用方向有严格的要求，即安装时两唇面向液压油，其作用的机理与Y形密封圈有类似之处，但由于它是成组使用的，可以通过调整压环的位置来调整密封圈的预压缩量，有较好的密封效果。V形密封圈的材料可以采用丁酯橡胶、夹织物丁酯橡胶及塑料，但塑料现用得较少。V形密封圈主要用于液压缸活塞和活塞杆处的往复运动密封。这种密封装置轴向尺寸较大，摩擦阻力大。此密封圈可根据使用压力的高低，组合成多个叠合使用。

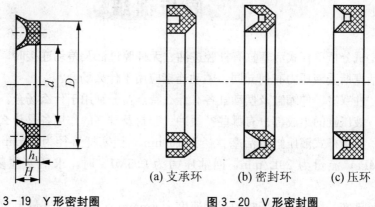

图3-19　Y形密封圈　　　　图3-20　V形密封圈

4. 组合式密封装置

随着液压技术的发展，液压技术应用范围也日益扩大，系统对密封的要求越来越高，在使用寿命和可靠性等方面，普通的密封圈单独使用已不能很好地满足密封性能要求，于是开始研发由两个以上原件组成的组合式密封装置。

如图3-21(a)所示为O形密封圈1与截面为矩形的聚四氟乙烯塑料滑环2(即格莱圈)组成的组合密封装置。其中，滑环2紧贴密封表面，O形密封圈1为滑环提供弹性预压力，在液压力等于零时构成密封，由于间隙是靠滑环而不是靠O形密封圈密封的，而滑环与金属的摩擦阻力小且稳定，因而耐磨。滑环组合密封的缺点是抗侧倾能力较差，在高低压交变的场合下工作容易漏油。

如图3-21(b)所示为由滑环2(即斯特圈)和O形密封圈1组成的轴用组合密封，滑环与被密封件之间为线密封，其工作原理类似唇形密封。斯特圈一般采用一种经特别处理的化合物，具有极佳的耐磨性、保形性和低摩擦性，工作压力可达80MPa，无低压"爬行"现象的问题。

组合式密封装置由于充分发挥了橡胶密封和滑环的长处，因此工作可靠，摩擦力小，使用寿命长，因此得到广泛应用。

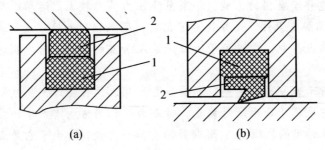

(a)　　　　　　　　(b)

图3-21　组合式密封装置
1—O形密封圈；2—滑环

同步训练

3-1　试分析单杆式活塞缸有杆腔进油、无杆腔进油及差动连接时，其运动方向、运动速度及活塞所受液压力有何异同。差动连接应用于什么场合？

3-2　柱塞缸、伸缩缸及摆动缸各有什么特点？分别用于什么场合？

3-3　液压缸的组成部分有哪些？缓冲、密封及排气的作用各是什么？

3-4　某单杆式液压缸的活塞直径为100mm，活塞杆直径为50mm，当油液的工作压力为2MPa，流量为20L/min，回油压力为0.5MPa时，求活塞往复运动的速度和推力。

3-5　已知某柱塞式液压缸的运动速度为6m/min，输入的流量为30L/min，求柱塞的直径。

3-6 某单杆式液压缸快速向前运动时，采用差动连接；快退时，压力油输入有杆腔。假如泵的输出流量为 25L/min，活塞往复快速运动的速度都是 0.1m/s，求活塞和活塞杆的直径。

3-7 已知液压泵的额定压力和额定流量，若忽略管道及元件的损失，试说明图 3-22 所示各种工况下液压泵出口处的工作压力（图中字母代表已知量）。

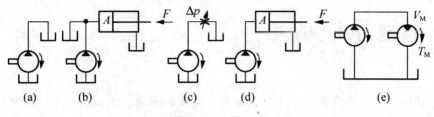

图 3-22 题 3-7

3-8 已知液压马达排量为 $0.1 \times 10^{-4} m^3$，供油压力为 10MPa，流量为 $4 \times 10^{-4} m^3/s$，容积效率为 0.95，总效率为 0.75，求马达输出转矩、转速和实际输出功率。

3-9 已知液压马达的排量为 250mL/r，入口压力为 9.8MPa，出口压力为 0.49MPa，此时的总效率为 0.9，容积效率为 0.92。当输入流量为 22L/min 时，试求：

（1）液压马达的输出转矩；

（2）液压马达的输出功率；

（3）液压马达的转速。

3-10 如图 3-23 所示，已知液压泵的输出压力为 10MPa，泵的排量为 10mL/r，泵的转速为 1450r/min，容积效率为 0.9，机械效率为 0.9；液压马达的排量为 10mL/r，容积效率为 0.92，机械效率为 0.9，泵出口和马达进油管路间的压力损失为 0.5MPa，其他损失不计，试求：

（1）泵的输出功率；

（2）驱动泵的电动机功率；

（3）马达的输出转矩；

（4）马达的输出转速。

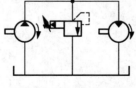

图 3-23 题 3-10

项目4

识别液压控制元件

　　液压控制元件是指用来控制液流的压力、流量和方向，保证执行元件按照要求进行工作的液压控制阀。液压控制阀在液压系统中起控制调节作用，按用途不同分为方向控制阀，压力控制阀和流量控制阀三类。虽然各种阀类用途不同，但从结构上看均是由阀体、阀芯和驱动阀芯在阀体内做相对运动的控制动力装置（如弹簧、电磁铁）等组成；其原理都是利用阀芯和阀体的相对位移来改变阀口通流面积，从而控制压力、流向和流量。流经阀口的流量与阀口前后压力差、阀口面积有关，始终满足孔口流量公式。各种阀在油路中都可视为一个液阻，只要有液体流过，就会产生压力降和温度升高等现象。由此可以看出，各类阀在本质上是相同的，仅是由于某个方面得到了特殊的发展，才演变出各种不同的阀类。液压控制阀是液压系统中不可缺少的元件，如组合机床液压动力滑台的运动正是通过各种液压控制阀的控制，才实现了快进、工进等不同运动。

组合机床

滑台

任务 4.1　方向控制阀

- 能说明方向控制阀的结构、工作原理、图形符号及应用。
- 能阐述换向阀的类型及三位换向阀的中位机能。

方向控制阀是用来控制液压系统中油液的流动方向或通断的阀类，分为单向阀和换向阀两种。

4.1.1　单向阀

单向阀是控制油液单方向流动、反向截止或有控制的反向流动的方向控制阀，通常分为普通单向阀和液控单向阀两种。

1. 普通单向阀

1) 普通单向阀的工作原理

普通单向阀简称单向阀，它只允许油液沿一个方向流动，反方向截止，又称逆止阀。如图 4-1(a)所示为普通单向阀的结构原理。当压力油从阀体右端的通口流入时，克服弹簧 3 作用在阀芯 1 上的力，使阀芯向左移动，打开阀口，并通过阀芯上的径向孔 a、轴向孔 b 从阀体左端的通口流出；但是压力油从阀体左端的通口流入时，液压力和弹簧力一起使阀芯压紧在阀座上，使阀口关闭，油液无法通过。

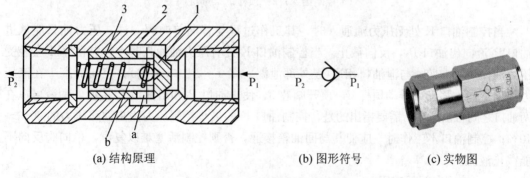

(a) 结构原理　　　　(b) 图形符号　　　　(c) 实物图

图 4-1　普通单向阀

1—阀芯；2—阀体；3—弹簧

2) 普通单向阀的应用

(1) 安装在泵的出口，防止压力冲击影响泵的正常工作或防止泵不工作时液压系统油液经泵倒流回油箱。

（2）用来分隔油路以防止高、低压干扰。

（3）与其他的阀组成单向节流阀、单向减压阀、单向顺序阀等。

（4）安装在执行元件的回油路作为背压阀。

2. 液控单向阀

1）液控单向阀的工作原理

液控单向阀是一种可使液体单向流动，但在通入控制压力油后又允许液体双向流动的单向阀。它由普通单向阀和液控装置两部分组成。如图4-2(a)所示为液控单向阀的结构，图4-2(b)为实物图。

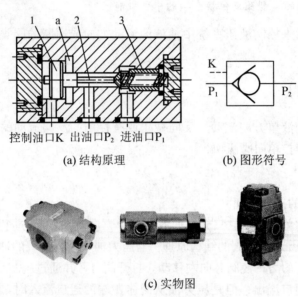

控制油口K 出油口P_2 进油口P_1

(a) 结构原理   (b) 图形符号

(c) 实物图

图4-2　液控单向阀

1—控制活塞；2—顶杆；3—阀芯

当控制油口 K 处无压力油通入时，其工作过程与普通单向阀一样，压力油只能从进油口 P_1 流向出油口 P_2，反向截止。当控制油口 K 处有压力油通入时，控制活塞1左腔受压力油作用，右腔 a 与泄油口相通(是外部泄漏，图4-2中未画出)。控制活塞1在液压力作用下向右移动，推动顶杆2，顶开阀芯3，使进油口 P_1 和出油口 P_2 接通，油液可以在两油口之间自由流动。需要指出的是，控制油口 K 的最小控制压力为主油路压力的30%～40%；控制油口不工作时，应使其与回油箱接通，否则控制活塞难以复位，单向阀反向不能截止液流。

2）液控单向阀的应用

（1）对液压缸进行闭锁，液压锁紧回路如图4-3(a)所示，当换向阀处于中位时，两液控单向阀关闭，可将油缸活塞锁在某一位置，使其不能左右移动。液压锁实物图如图4-3(b)所示。

（2）作为竖直使用的液压缸的支撑，防止自由下落。

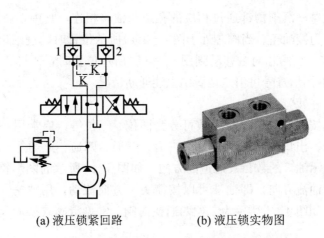

(a) 液压锁紧回路   (b) 液压锁实物图

图 4 - 3   液压锁紧回路及液压锁实物图

4.1.2 换向阀

换向阀是借助于阀芯与阀体之间的相对位置，使与阀体相连的各通路之间实现接通、断开或改变油流方向的阀。

液压系统对换向阀的性能要求如下。

（1）换向可靠性：换向信号发出后阀芯能灵敏地移到工作位置；换向信号撤除后阀芯能自动复位。

（2）压力损失：阀口压力损失及流道压力损失要小。

（3）换向平稳性：换向时压力冲击要小。

（4）内泄漏量：内泄漏量要小。因工作压力越高，内泄漏越大，因此要求阀芯与阀体同心，并要有足够的封油长度。

1. 换向阀的分类

换向阀的种类很多，分类方法各不相同，详见表 4 - 1。

表 4 - 1   换向阀的分类

分类方法	类 型
按阀的结构形式分	滑阀式、转阀式、球阀式
按阀的操纵方式分	手动、机动、液动、电磁、电液动
按阀体连通的主油路数分	两通、三通、四通、五通等
按阀芯在阀体内的工作位置分	两位、三位、四位、五位等

其中滑阀式换向阀的应用较为广泛，因此，我们主要以滑阀式换向阀为例进行介绍。

2. 换向阀的结构原理及图形符号

1）换向阀的工作原理

如图 4 - 4 所示，滑阀式换向阀的阀芯 1 是具有多个环形槽的圆柱体，而阀体孔内则有若干个沉割槽,每一沉割槽都通过相应的孔道与油路相连,其中,P 为进油口,A、B 接通执行元件,T 为接油箱。当阀芯处于图 4-4(a)所示位置时,进油口 P 与 B 接通,A 则与回油口 T 相连;当阀芯向右移动到图 4-4(b)所示位置时,P 与 A 接通,B 与 T 相通。从图 4-4 中的图形符号可清楚地看出上述通断情况。

2)图形符号

滑阀式换向阀按阀芯的可变位置数可分为两位、三位等,通常用一个方框代表一个位置。按主油路进、出口的数目又可分为二通、三通、四通、五通等,表达形式为在相应位置的方框内表示油口的数目及通道的方向,如图 4-4 所示的图形符号,图中用箭头只表示油道不表示油流方向,即油液可以按箭头反方向流动,用"⊤"或"⊥"表示各油路之间的关断。如图 4-4 所示为二位四通换向阀。常见滑阀式换向阀的结构原理及图形符号见表 4-2。

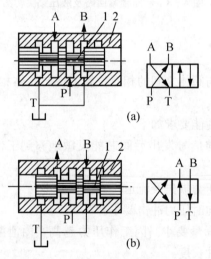

图 4-4 换向阀的工作原理及图形符号

1—阀芯;2—阀体

表 4-2 滑阀式换向阀的结构原理及图形符号

名　　称	结构原理	图形符号
二位二通阀		
二位三通阀		

续表

名　　称	结构原理	图形符号
二位四通阀		
三位四通阀		
二位五通阀		
三位五通阀		

3. 换向阀的中位机能及操纵方式

1) 中位机能

三位换向阀常态时阀芯处于中位，所谓中位机能就是阀芯处于中位时各油路的连通方式。中位机能不同，对系统产生的控制性能也不相同。表 4-3 为常用三位四通阀的中位机能。

表 4-3　三位四通阀的中位机能

中位机能代号	中位机能图形符号	中位机能特点及应用
O		4 油口 P、A、B、T 全部封闭，液压执行元件进、出油口被闭锁，液压泵不卸荷。制动时引起液压冲击较大，换向精度高

续表

中位机能代号	中位机能图形符号	中位机能特点及应用
H	A B P T	4油口串通，液压执行元件处于浮动状态，液压泵卸荷。起动有冲击，制动较O形平稳
M	A B P T	P、T接通，A、B封闭，液压执行元件进、出油口封闭，液压泵卸荷。起动平稳，制动性能与O形相同
P	A B P T	压力油口P与液压执行元件进、出油口相通，T口封闭，可形成差动连接。起动较平稳，制动亦平稳
Y	A B P T	压力油P口封闭，液压执行元件进、出油口均与T口接通，液压执行元件处于浮动状态，液压泵不卸荷。起动有冲击，制动介于O形和H形之间
K	A B P T	P、A油口与T口接通，液压泵卸荷，液压执行元件一侧油口接油箱，向两侧换向时性能不同（当换接到A、P接通，B、T接通时，有冲击；当换接到P、B接通，A、T接通时，较平稳）

2）操纵方式

换向阀的阀芯移动需要有外力操纵实现，常用的操纵方式有手动换向、机动换向、电磁动换向、液动换向、电液动换向等，见表4-4。

表4-4　滑阀式换向阀的操纵方式

操纵方式	图形符号	实物图
手动换向阀		
电磁动换向阀		
机动换向阀		

续表

操纵方式	图形符号	实物图
液动换向阀		
电液动换向阀		

4. 典型换向阀举例

1) 三位四通电磁换向阀

电磁换向阀是利用电磁铁产生的吸力推动阀芯换位的方向控制阀。如图 4-5 所示，常态下两端电磁铁不通电，阀芯在两端弹簧的作用下处于中位。当右端电磁铁通电吸合时，阀芯被电磁铁产生的吸力经推杆向左推，从而改变了电磁阀的工作位置；反之亦然。

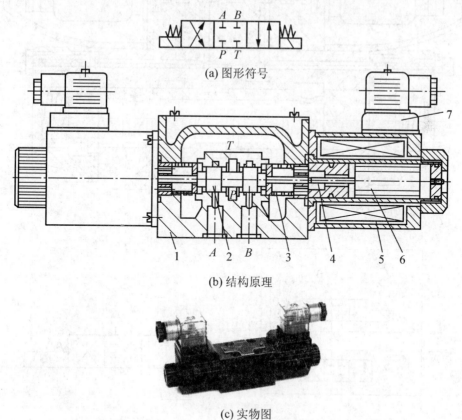

(a) 图形符号

(b) 结构原理

(c) 实物图

图 4-5 三位四通电磁换向阀

1—阀体；2—阀芯；3—弹簧；4—推杆；5—线圈；6—衔铁；7—插头组件

2）三位四通电液换向阀

在要求大流量的液压系统中，由于作用在阀芯上的摩擦力和液动力较大，而电磁换向阀电磁铁的吸力有限，一般电磁换向阀无法满足要求，因此改用电液换向阀来代替电磁换向阀。电液换向阀是电磁阀和液动阀的组合体，电磁阀作为先导阀用来控制液动阀阀芯的位置，液动阀作为主阀控制系统的液流方向，这样就可以达到用较小的电磁铁控制较大的液流的目的。

如图4-6所示为三位四通电液换向阀，从图4-6(a)所示的结构原理中可以看出，此阀分为上下两大部分，上部分是电磁阀，下部分为液动阀。电磁阀的两油口与液动阀的控制油口相连。当电磁阀两端的电磁铁都不带电时，电磁阀处于中位，电磁阀的两油口 A′、B′接油箱，没有压力油流出，液动阀阀芯处于中位，4 油口 P、A、B、T 均不相通；

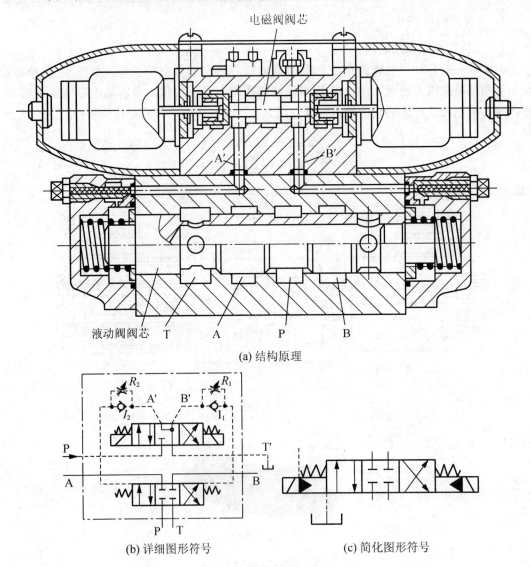

(a) 结构原理

(b) 详细图形符号　　　　　　　　　(c) 简化图形符号

图4-6　电液换向阀

(d) 实物图

图 4-6　电液换向阀(续)

当电磁阀左端电磁铁带电时，电磁阀阀芯向右移动，A′油口有控制油液流出，使液动阀阀芯向右移动，此时，P 与 A 接通，B 与 T 接通；当电磁阀右端电磁铁带电时，B′油口有控制油液流出，液动阀阀芯向左移动使 P 与 B 接通，A 与 T 接通。如图 4-6(b)所示为电液换向阀的详细图形符号，如图 4-6(c)所示为简化图形符号。

任务 4.2　压力控制阀

- 能阐述压力控制阀的结构、工作原理、图形符号及应用。
- 了解溢流阀的各种用途及压力流量特性。

压力控制阀是用来控制液压系统中油液压力或通过压力信号实现控制的阀类，包括溢流阀、减压阀、顺序阀、压力继电器等。

4.2.1　溢流阀

溢流阀有多种用途，但其基本功用主要有两点：一是当系统压力超过或等于溢流阀的调定压力时，系统的液体通过阀口溢出一部分，保证系统压力恒定，用于调压，如图 4-7(a)

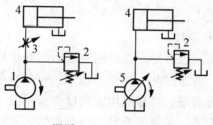

(a) 调压　　　　　　　(b) 安全保护

图 4-7　溢流阀的基本功用

1—定量泵；2—溢流阀；3—节流阀；4—液压缸；5—变量泵

所示，主要用于定量泵进、出油节流调速系统；二是在系统中作安全阀用，在系统正常工作时，溢流阀处于关闭状态，只有在系统压力大于或等于其调定压力时才开启溢流，对系统起过载保护作用，如图4-7(b)所示，主要与变量泵配合使用。溢流阀按其结构原理分为直动式和先导式两种。

1. 直动式溢流阀

直动式溢流阀是依靠系统中的压力油直接作用在阀芯上，与弹簧力及其他阻碍阀芯运动的力相平衡，来控制阀芯的启闭动作。如图4-8所示为直动式溢流阀的结构和图形符号。从图4-8中可以看出，进油口P的压力油通过阻尼孔a进入阀芯下端，产生向上的液压力，该力与向下的弹簧力相抗衡。当弹簧力大于液压力时阀芯6处于下位，阀芯将油口P、T隔开，阀口关闭。当液压力大于弹簧力时，阀芯在液压力的作用下向上移动，使油口P、T相通，阀口开启产生溢流，将多余油液经油口T排回油箱，以保持系统压力的恒定。阻尼孔a是用来对阀芯的动作产生阻尼，从而提高溢流阀的工作平稳性。用调压手轮1可调定弹簧4的预紧压力，从而调定系统的溢流压力。

直动式溢流阀构造简单，反应灵敏，但调压稳定性较差，适用于低压、小流量系统。

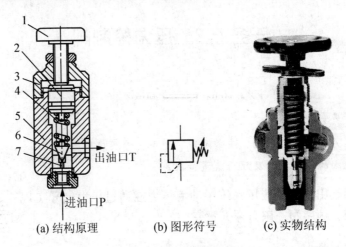

(a) 结构原理　　　(b) 图形符号　　　(c) 实物结构

图4-8　直动式溢流阀

1—调压手轮；2—推杆；3—阀盖；

4—弹簧；5—阀体；6—阀芯；7—阻尼孔

2. 先导式溢流阀

1) 先导式溢流阀的结构原理

从直动式溢流阀的结构原理可知，直动型溢流阀的调定压力是直接与弹簧力比较而得到的，欲提高控制压力，可通过两个途径来达到：一是减小阀芯下端面积，但因受阀的结构限制，面积减小的量有限；二是采用大刚度弹簧，由于大刚度弹簧与小刚度弹簧相比，在阀芯相同位移情况下，前者的弹簧力变化较大，调压偏差加大，使阀的调压精度降低，所以直动式溢流阀一般用于压力小于2.5MPa的小流量场合。对于高压大流量的场合一般采用先导式溢流阀。

如图 4-9 所示为先导式溢流阀的结构原理及图形符号。它由上部的先导阀和下部的主阀两部分组成。进油腔 P 的油液压力 p_1 同时作用于主阀芯 6 及先导阀芯 1 上。先导阀可视为小型直动式溢流阀，当作用在先导阀上的油压力不足以推动先导阀芯 1 克服先导调压弹簧力向左移动（即先导阀未打开）时，主阀芯 6 向下压在主阀座 7 上，阀口关闭。当进油压力增大到能使先导阀芯克服弹簧力向左移动（即先导阀打开）时，液流通过主阀芯上的阻尼孔 5，流经孔口 a，再通过先导阀，由主阀芯中心孔流回油箱。由于阻尼孔 5 的阻尼作用会造成压力损失，使主阀芯上、下两腔的油液压力不等，即 $p_1 > p_2$，主阀芯 6 在压差的作用下向上移动，打开阀口。此时，进油腔 P 与回油腔 T 沟通，实现溢流。调节先导阀的调压弹簧，便可调整溢流压力。先导式溢流阀阀体上有一个远程控制口 K，当 K 口接油箱时，主阀芯上腔油液不需要打开先导阀就可通过 K 口回油箱，同样使主阀芯上腔液压力减小，主阀芯上、下两腔形成压力差，实现溢流，这时系统卸荷。另外，该远程控制口可通过连接其他溢流阀进行远程遥控。先导式溢流阀适用于高压、大流量系统。其先导部分结构尺寸小，调压比较轻便。

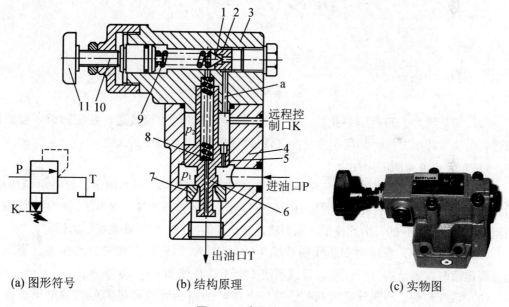

(a) 图形符号　　　　　　　　(b) 结构原理　　　　　　　　(c) 实物图

图 4-9　先导式溢流阀

1—先导阀芯；2—先导阀座；3—阀盖；4—阀体；5—阻尼孔；6—主阀芯；
7—主阀座；8—主阀弹簧；9—先导阀弹簧；10—调节螺钉；11—调压手轮

2）先导式溢流阀的特点

（1）阀的进口压力值由先导阀调压弹簧调节，主阀芯是靠液流流经阻尼孔形成的压力差开启的，主阀弹簧只起复位作用。

（2）调压偏差只取决于主阀弹簧刚度，由于主阀弹簧刚度很小，故调压偏差很小，控制压力的稳定性很高。

（3）通过先导阀的流量很小，约为主阀额定流量的 1‰，因此其尺寸很小，即使是高压阀，其弹簧刚度也不大，这样阀的调节性能有很大改善。

3）溢流阀的主要性能

溢流阀的性能包括静态性能和动态性能，在此只对静态性能加以介绍。

（1）压力调节范围。压力调节范围是指调压弹簧在规定的范围内调节时，系统压力能平稳地上升或下降的最大和最小调定压力。

（2）压力—流量特性。压力—流量特性又称启闭特性，是指溢流阀在稳态情况下从开启到闭合的过程中，被控压力与流过溢流阀的溢流量之间的关系。它是衡量溢流阀定压精度的重要指标之一。理想的压力—流量特性曲线应是一条平行于流量坐标的直线，即进口压力达到调压弹簧所确定的压力后，立即溢流，且不管溢流量多少，压力始终保持恒定。但溢流量的变化引起阀口开度变化，即弹簧压缩量的变化，进口压力不可能恒定，实际曲线只是接近于理想曲线，如图4-10所示。

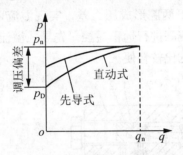

图4-10 溢流阀压力—流量特性

（3）卸荷压力。卸荷压力是指溢流阀的远程控制口与油箱接通，系统卸荷，溢流阀的进、出油口的压力差。卸荷压力越小，油液流经阀的压力损失就越小。

4）先导式溢流阀的应用

（1）调压。利用溢流阀的溢流调压功能来调整系统或某部分压力恒定，如图4-7(a)所示。溢流阀与泵并联，油泵输出的压力油只有一部分进入执行元件，多余的油经溢流阀流回油箱。溢流阀是常开的，由此使系统压力稳定在调定值附近，以保持系统压力恒定。

（2）安全保护。系统中安装作安全阀用的溢流阀，以限制系统的最高压力。当压力超过调定值时，溢流阀打开溢流，保证系统安全工作，如图4-7(b)所示。

（3）系统卸荷。将先导溢流阀的遥控口直接与油箱相通或通过二位二通电磁换向阀与油箱接通，可使泵和系统卸荷，如图4-11(a)所示。

（4）远程调压。将先导式溢流阀与直动式远程调压阀配合使用，可实现系统的远程调压，如图4-11(b)所示。

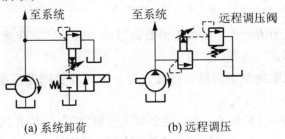

(a) 系统卸荷   (b) 远程调压

图4-11 溢流阀的应用

（5）造成背压。将溢流阀安装在系统的回油路上，可对回油产生阻力，即造成执行元件的背压。回油路存在一定的背压，可以提高执行元件的运动稳定性。

应该指出的是：①远程调压阀的调定压力必须低于主溢流阀的先导阀的调定压力，且此时主溢流阀开启压力值由远程调压阀决定。②无论是远程调压阀还是先导阀起作用，都使主溢流阀溢流，泵的溢流量始终经主阀的阀口流回油箱。

4.2.2　减压阀

减压阀主要用于降低系统某一支路的油液压力，使同一系统能有两个或多个不同压力的回路。油液流经减压阀后压力降低，并保持恒定。例如，当系统中的夹紧支路或润滑支路需要稳定的低压时，只需在该支路上串联一个减压阀。减压阀利用流体流过阀口产生压降的原理，使出口压力低于进口压力。减压阀按其调节要求的不同可分为定值减压阀、定差减压阀和定比减压阀，其中定值减压阀应用较广，简称减压阀，这里主要介绍它的原理及结构特点。减压阀按其工作原理也有直动式和先导式之分。直动式减压阀在液压系统中较少单独使用，一般仅作为调速阀的组成部分来使用；先导式减压阀应用较多。

1. 先导式减压阀的结构原理

如图 4-12 所示为先导式减压阀的结构原理和图形符号。该阀由先导阀和主阀两部分组成。液压力为 p_1 的油液，从阀的进油口 A 进入，经减压口 b 减压后，压力降低为 p_2，再由出油口 B 流出。同时，出油口液压油经主阀芯内的径向孔和轴向孔 a 引入到主阀芯 5 的上腔及下腔，并通过上腔和孔 c 以出口压力 p_2 作用在先导阀芯 3 上。当出口压力 p_2 未达到先导阀调压弹簧 2 的调定值时，先导阀关闭，主阀芯上、下两腔液压力相等，主阀芯在复位弹簧 4 的作用下处于最下端，减压口开度 h 为最大值，压降最小，减压阀处于非工作状态。当出口压力 p_2 升高并超过先导阀的调定值时，先导阀打开，主阀复位弹簧腔

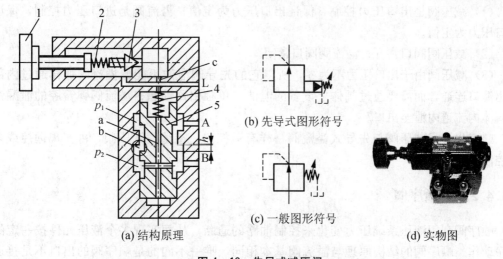

图 4-12　先导式减压阀

1—调压手轮；2—调压弹簧；3—先导阀芯；4—复位弹簧；5—主阀芯

的油液便由泄油口 L 流回油箱。由于主阀芯的轴向孔 a 为阻尼孔，会产生压力差，使主阀芯上腔液压力低于下腔液压力，主阀芯便在此压力差作用下克服复位弹簧阻力向上移动，使减压口开度 h 值减小，压降增大，出口压力下降，直至达到先导阀调定的数值为止。反之，当出口压力减小时，主阀芯下移，减压口增大，压降减小，使出口压力回升到调定值。可见，减压阀出口压力受其他因素影响而变化时，它将会自动调整减压口开度，从而保持调定的出口压力值不变，故称为定值减压阀。

2. 减压阀的应用

减压阀一般用在需减压或稳压的工作场合。例如，定位、夹紧、分度、控制等支路往往需要稳定的低压，为此，该支路只需串接一个减压阀即可构成减压回路，如图 4-13 所示为夹紧回路。

需特别注意的是，当减压阀的出口处不输出油液时，它的出口压力基本上仍能保持恒定，此时有少量的油液通过减压阀开口经先导阀和泄油口流回油箱，保持该阀处于工作状态。

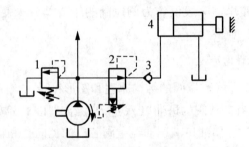

图 4-13 减压阀的应用
1—溢流阀；2—减压阀；3—单向阀；4—液压缸

3. 先导式减压阀与先导式溢流阀的比较

（1）减压阀是出口压力控制，保证出口压力为定值；溢流阀是进口压力控制，保证进口压力为定值。

（2）减压阀阀口常开；溢流阀阀口常闭。

（3）减压阀由于出口压力不为零，所以它的先导阀泄油不能像溢流阀那样通过内部与出油口连通，而需要通过阀体上设置的泄油口单独引回油箱；溢流阀弹簧腔的泄漏油经阀体内流道内泄至出口。

（4）先导式减压阀与先导式溢流阀一样有遥控口，接远程调压阀，可实现远控或多级控制。

4.2.3 顺序阀

顺序阀利用液压系统压力变化来控制油路的通断，从而实现多个液压元件按一定的顺序动作。顺序阀的结构原理与溢流阀基本相同，唯一不同的是顺序阀的出口不是接通油箱，而是接到系统中某个执行机构，其压力数值由出口负载决定，因此顺序阀的内泄漏不能用通道直接引导到顺序阀的出口，而是由专门的泄漏口，经阀外管道接到油箱。

顺序阀根据结构的不同有直动式和先导式两种，根据控制压力的来源不同有内控式和外控式两种。

1. 顺序阀的结构原理

如图 4-14 所示为直动式顺序阀的结构原理和图形符号。液压油从进油口 A 进入，经阀体上的孔道 a 和端盖上的阻尼孔 b 流到控制活塞 6 底部，当作用在控制活塞 6 上的油液压力能克服阀芯上的弹簧力时，控制活塞推动阀芯 5 向上移动，油液便从 B 口流出。通过调节弹簧 2 的预压缩量可调节顺序阀的开启压力。此阀为内控式顺序阀，即由进油口 A 的压力油控制阀的通断，如果将控制口 K 打开，a 口封闭，则为外控式顺序阀。阀芯上部的弹簧腔的泄漏油液由 L 口单独引出。

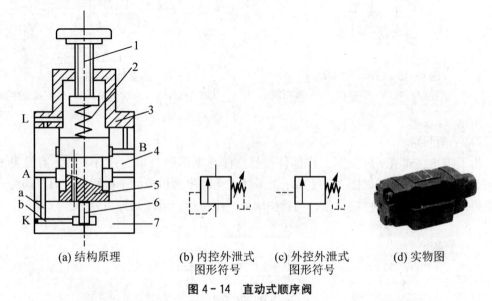

(a) 结构原理　　(b) 内控外泄式　　(c) 外控外泄式　　(d) 实物图
　　　　　　　　　图形符号　　　　图形符号

图 4-14　直动式顺序阀

1—调节螺钉；2—调压弹簧；3—上盖；4—阀体；5—阀芯；6—控制活塞；7—下盖

2. 顺序阀的应用

1）多个执行元件顺序动作

如图 4-15 所示，将手动换向阀 5 打到左位接入回路，此时，由于液压缸 1 的最高工作压力小于顺序阀 3 的调定压力，顺序阀 3 断开，所以，液压缸 1 左腔进油活塞杆伸出，实现动作①，液压缸 2 活塞不动；当液压缸 1 夹紧工件后，系统压力升高，压力升高到顺序阀 3 的调定压力时，顺序阀 3 开启接通，液压缸 2 活塞杆伸出，实现动作②。同理，将手动换向阀停止手动，在其弹簧力的作用下换向阀 5 右位接通油路时，由于液压缸 2 返回的最大工作压力小于顺序阀 4 的调定压力，液压缸 2 活塞杆腔进油活塞缩回，先实现动作③，后实现动作④。

2）双泵卸荷

如图 4-16 所示，泵 1 为大流量泵，泵 2 为小流量泵，当执行元件快速运动时，两泵同时供油。当执行元件慢速运动时，系统压力升高，打开外控顺序阀，此时，泵 1 卸荷，只有泵 2 供油，满足系统要求。

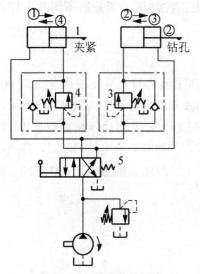

图 4-15　顺序动作回路

1、2—液压缸；3、4—顺序阀；5—换向阀

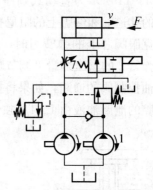

图 4-16　双泵供油液压系统的卸荷

1—大流量泵；2—小流量泵；3—外控式顺序阀；

4—单向阀；5—溢流阀；6—换向阀；7—节流阀

3）平衡回路

为了防止立式液压缸及其工作部件在悬空停止期间因自重而自行下滑，需设置由顺序阀组成的平衡回路。如图 4-17 所示为采用单向顺序阀组成的平衡回路。顺序阀的开启压力要足以支承运动部件的自重。当换向阀处于中位时，液压缸即可悬停。

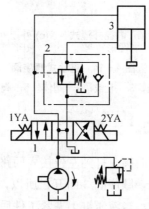

图 4-17　单向顺序阀组成的平衡回路

1—换向阀；2—单向顺序阀；3—立式液压缸

4.2.4　压力继电器

压力继电器是一种液—电信号转换元件，它能将液压力信号转换为电信号。如图 4-18 所示，当进油口 P 处液压力达到压力继电器的调定压力时，液压力使柱塞 1 向上移动，推动微动开关 3 合上，发出电信号，控制电气元器件如电动机、电磁铁、电磁离合器等的动作，实现泵的加、卸载，执行元件顺序动作、系统安全保护和元件动作连锁等。任何压力继电器都由压力—位移转换装置和微动开关两部分组成。常用的压力继电器有柱塞式、

膜片式、弹簧管式和波纹管式等结构形式，其中以柱塞式最常用。

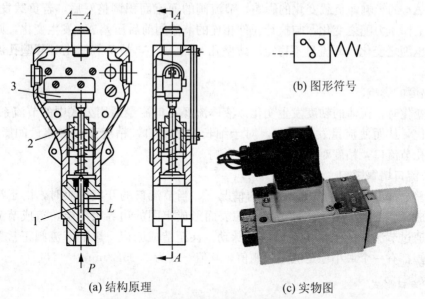

(a) 结构原理　　　　　　(c) 实物图

图 4-18　压力继电器结构原理图、图形符号及实物图

1—柱塞；2—调节螺钉；3—微动开关

任务 4.3　流量控制阀

- 了解流量控制阀节流口的形式及特性。
- 能阐述流量控制阀的结构特点、工作原理、图形符号及应用。
- 了解调速阀性能特点。

流量控制阀是靠改变阀口开度大小来调节通过阀的流量，从而控制进入液压执行元件的流量，以达到调节执行元件运动速度的目的。普通流量控制阀包括节流阀、调速阀、溢流节流阀和分流集流阀等。

4.3.1　节流口的流量特性及节流口形式

1. 节流口的流量特性

由流体力学可知，液体流经孔口流量通用公式为

$$q = KA\Delta p^m$$

式中，K 为节流系数，它与节流口形状、液体流动状态及油液性质有关，一般可视为常数；Δp 为液流通过节流口的前后压差；m 为指数，薄壁孔 $m=0.5$，细长孔 $m=1$，一般情况下 $0.5 < m < 1$；A 为通流面积。

显然，在 Δp 一定的情况下，改变节流口通流面积 A，可调节进入到液压系统中的流量，但节流口的流量是否稳定还与节流口的前后压差、油温和形状等因素有关。

1) 压差 Δp 的影响

压差 Δp 的影响即负载变化的影响。节流阀的通流面积调整好后,若负载发生变化,执行元件工作压力随之变化,与执行元件相连的节流阀前后压差 Δp 发生变化,则通过阀的流量 q 也随之变化,即流量不稳定。薄壁孔 m 值最小,故负载变化对薄壁孔流量的影响也最小。

2) 温度的影响

温度变化时,流体的粘度发生变化。液体流经孔口流量通用公式中的节流系数 K 值就发生变化,从而使流量发生变化。对于细长孔节流口,粘度变化对流量的影响很大;对于薄壁孔节流口,粘度对流量几乎没有影响。

3) 节流口堵塞影响

在压差、油温和粘度等因素不变的情况下,当节流口的开度很小时,由于污染或油液氧化生成角质沉淀附着物,使节流缝隙表面形成牢固的边界吸附层,造成节流口堵塞现象,使通过节流口的流量出现周期性脉动,甚至造成断流,影响节流阀正常工作。所以,节流阀都有一个最小稳定流量限制值,其值一般为 0.05L/min。

2. 节流口形式

如图 4-19 所示为典型节流口的形式。如图 4-19(a)所示是针式节流口,针阀阀芯做轴向移动,调节环形通道的大小,以调节流量。如图 4-19(b)所示是偏心式节流口,在阀芯上开了一个截面为三角形截面(或矩形截面)的偏心槽,转动阀芯就可调节通道的大小以调节流量。如图 4-19(c)所示是轴向三角槽式节流口,在阀芯上开了一个或两个斜的三角槽,轴向移动阀芯时,可改变三角槽通流面积的大小。如图 4-19(d)所示是周向缝隙式节流口,阀芯上开有狭缝,油液可通过狭缝流入阀芯的内孔,再经左边的孔流出,转动阀芯就可改变缝隙通流面积的大小以调节流量。如图 4-19(e)所示是轴向缝隙式节流口,在套筒上开有狭缝,轴向移动阀芯就可改变缝隙的通流面积的大小以调节流量。

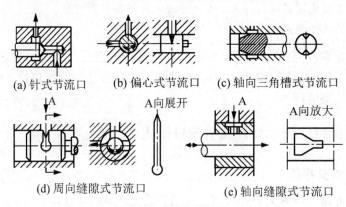

(a) 针式节流口　　(b) 偏心式节流口　　(c) 轴向三角槽式节流口

(d) 周向缝隙式节流口　　　(e) 轴向缝隙式节流口

图 4-19　典型节流口的形式

4.3.2　节流阀

如图 4-20(a)所示为节流阀的结构原理。油液从 P_1 口进入,经阀芯 4 下端的轴向三角槽节流后,从 P_2 口流出。通过旋动手轮来改变节流口开度的大小,从而调节通过节流阀的流量。如图 4-20(b)所示为节流阀的图形符号。

　　节流阀一般用于定量泵节流调速回路中,但当负载变化时,会引起节流阀进、出口压差发生变化,继而引起通过节流阀的流量产生波动,因此调速稳定性差。所以节流阀多用于负载变化不大和速度稳定性要求较低的场合。

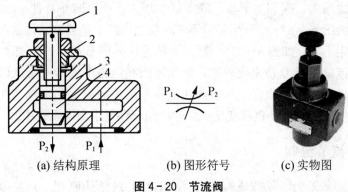

(a) 结构原理　　　　(b) 图形符号　　　　(c) 实物图

图 4-20　节流阀

1—手轮;2—螺母;3—阀体;4—阀芯

4.3.3　调速阀

　　如图 4-21(a)所示为调速阀的结构原理。高速阀是由节流阀和定差减压阀串联而成的复合阀。节流阀用于调节输出的流量,定差减压阀能自动地保持节流阀前、后的压力差不变,使通过调速阀的流量稳定。

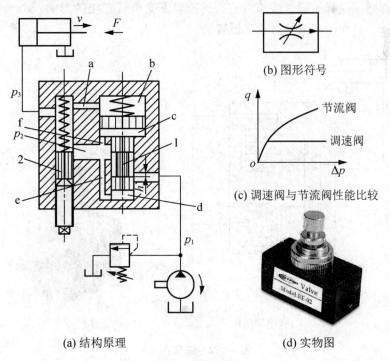

(b) 图形符号

(c) 调速阀与节流阀性能比较

(a) 结构原理　　　　　　　　　(d) 实物图

图 4-21　调速阀

1—定差减压阀;2—节流阀

其工作原理如下：调速阀进口压力 p_1 由溢流阀调定，基本保持恒定。调速阀出口压力 p_3 由负载 F 决定。来自液压泵的油液经定差减压阀 1 减压后，油液压力由 p_1 降为 p_2，压力为 p_2 的油液经孔道 e 及 f 分别被引到定差减压阀的 d、c 两腔。调速阀出口压力为 p_3 的油液，经孔道 a 引到定差减压阀的 b 腔。当负载压力 p_3 增大时，作用在定差减压阀阀芯上端 b 腔的压力增大，阀芯 1 下移，减压口 h 增大，压降减小，使 p_2 也增大，从而使节流阀进、出口的压差 $\Delta p = p_2 - p_3$ 保持不变；反之亦然。这样就使调速阀的流量不受负载影响，流量恒定不变。如图 4-21(b) 所示为调速阀的图形符号。从图 4-21(c) 中可以看出，节流阀的流量随压力差变化较大，而调速阀在压力差大于一定值以后，基本上保持恒定，从而保证了流量的稳定。调速阀在液压系统中的应用和节流阀相仿，且因调速稳定性好，而适用于执行元件负载变化大，速度稳定性要求高的系统中。

4.3.4　溢流节流阀

如图 4-22(a) 所示为溢流节流阀(旁通型调速阀)的结构原理。它是由节流阀和溢流阀并联而成的，也是一种压力补偿型节流阀，通过压力补偿，同样达到稳定流量的效果。其工作原理如下：液压泵输出的油液，一部分经节流阀 4 进入液压缸左腔，推动活塞向右运动，另一部分经溢流阀 3 的溢流口流回油箱。溢流阀的上腔 a 与节流阀出口相通，其液压力为 p_2，溢流阀的 b 腔和下腔 c 与液压泵输出的油液相通，其压力为 p_1。当液压缸活塞所受负载 F 增加时，压力 p_2 升高，a 腔压力也升高，a 腔液压力推动溢流阀阀芯下移，溢流口变小，使液压泵的供油压力 p_1 增加，从而使节流阀前、后压差 $(p_1 - p_2)$ 基本保持不变；反之亦然。这样使通过溢流节流阀的流量不受负载变化的影响。图 4-22(a) 中的阀 2 为安全阀，是为防止系统过载而设置的。

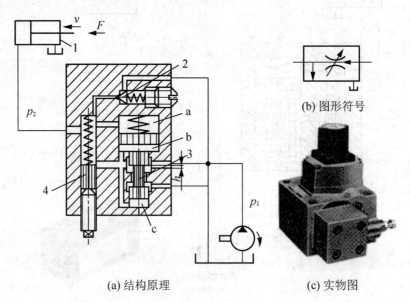

(a) 结构原理　　　　　　(c) 实物图

(b) 图形符号

图 4-22　溢流节流阀
1—液压缸；2—安全阀；3—溢流阀；4—节流阀

拓展知识

一、叠加阀和插装阀

叠加阀和插装阀是近些年来发展起来的新型液压元件，因与普通液压阀相比有很多优点，所以被广泛应用。

1. 叠加阀

叠加阀阀体既是液压元件，又是具有油路通道的连接体，阀体上、下两面做成连接面。使用叠加阀组成液压系统时，是用阀体自身作为连接体，把各阀叠合在一起组成所需的液压系统。

叠加阀现有 5 个通径系列，即 $\phi 6mm$、$\phi 10mm$、$\phi 16mm$、$\phi 20mm$ 和 $\phi 32mm$，额定工作压力为 20MPa，额定流量为 10～200L/min。同一通径的叠加阀都能按要求叠加起来。

叠加阀的分类与一般液压阀相同，也分为方向控制阀、压力控制阀和流量控制阀三类。其中方向控制阀只有单向阀，主换向阀不属于叠加阀，现以溢流阀为例做以介绍。

1）叠加式溢流阀

如图 4-23 所示为叠加式溢流阀，其主要由先导阀和主阀两部分组成。图 4-23(a) 为 Y_1-F-10D-P/T 型溢流阀的结构原理图，其型号中 Y 表示溢流阀，F 表示压力等级 (20MPa)，10 表示 $\phi 10mm$ 的通径系列，D 表示叠加阀，P/T 表示进油口为 P、回油口为 T。其工作原理如下：压力油由 P 口进入到主阀芯 6 右端的 e 腔，并经阻尼孔 d 进入到主

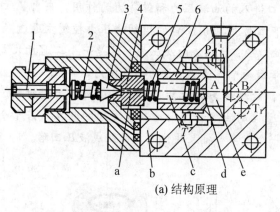

(a) 结构原理

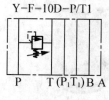

Y-F-10D-P/T1

(b) P/T 型图形符号

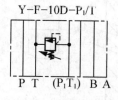

Y-F-10D-P_1/T

(c) P_1/T 型图形符号

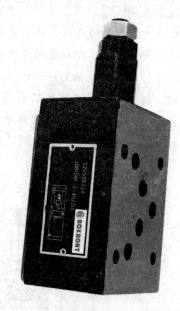

(d) 实物图

图 4-23 叠加式溢流阀

1—推杆；2—先导阀弹簧；3—先导阀芯；
4—先导阀座；5—主阀弹簧；6—主阀芯

阀芯左端的弹簧腔 b，再经 a 孔作用于先导阀芯 3。当系统压力大于先导阀调定压力时，先导阀芯 3 被打开，主阀芯弹簧腔 b 的油液经孔道 c 由 T 口流回油箱。此时，由于阻尼孔 d 的阻尼作用使得主阀芯右端压力大于左端压力，主阀芯克服弹簧力左移，使进油口 P 与回油口 T 相通，叠加式溢流阀溢流；当系统压力小于先导阀的调定压力时，先导阀关闭，主阀亦关闭，叠加阀无溢流。调节先导阀弹簧 2 的预压缩量，可改变该叠加式溢流阀的开启压力。如图 4-23(b) 所示为其图形符号。如图 4-23(c) 所示是另一种 P_1/T 型叠加阀的图形符号，这种阀主要用于双泵供油系统的高压泵调压和溢流。

2）叠加式液压阀组成的液压系统的特点

(1) 液压系统结构紧凑，体积小，重量轻，安装简便，装配周期短。

(2) 若改变液压系统工况，组装方便迅速。

(3) 液压元件之间实现无管连接，消除了因油管、管接头等引起的泄漏、振动和噪声。

(4) 液压系统配置灵活，外观整齐，易于维护。

(5) 实现标准化、通用化和集成化的程度较高。

2. 插装阀

普通液压阀在流量小于 200～300L/min 的系统中性能良好，但用于大流量系统时并不具有良好的性能。在 20 世纪 70 年代初，出现了新型液压元件——插装阀。它具有通流能力大、密封性能好、集成性能好、通用程度高等特点，被广泛应用。

1）插装式锥阀的结构原理

如图 4-24 所示为插装式锥阀的结构原理和图形符号。它由阀套 3、阀芯 5、弹簧 4 和控制盖板 1 等组成。主阀芯上腔受 K 口进入的油液压力和弹簧力的作用，来自 A 口和 B 口的油液产生的液压力作用在阀芯的下锥面上，用 K 口的控制油压力控制主通道 A 和 B 间的通断，即可控制主阀芯的启闭和油口 A、B 的流向及压力。这是一个二通插装式锥阀，它将锥阀单元插到特殊设计加工的带有两个通道 A、B 的插装体内，再配以控制盖板构成。因每个插装体有且只有两个油口，故被称为二通插装阀，早期又称为逻辑阀。控制盖板用来固定和密封插装阀单元，沟通控制油路和主阀控制腔之间的联系。若干个不同控制功能的二通插装式锥阀，组装在一个或多个插装块体内，便组成液压回路。

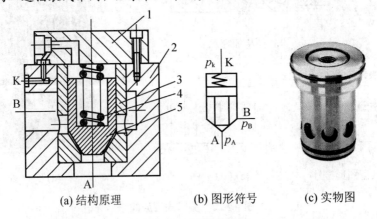

(a) 结构原理　　　　(b) 图形符号　　　　(c) 实物图

图 4-24　插装式锥阀

1—控制盖板；2—插装体；3—阀套；4—弹簧；5—阀芯

2）插装式锥阀的特点

（1）阀芯为锥阀，密封性能好，且动作灵敏。

（2）通流能力大，抗污染能力强，适用于大流量场合，其最大通径可达 $200 \sim 250$mm，可通过流量达 10000L/min。

（3）一阀具有多种用途，结构紧凑。插装式锥阀可插装方向、流量及压力控制阀。

（4）工作可靠，易标准化和通用化。

3）插装阀的应用

（1）插装方向控制阀。

① 插装单向阀。如图 4-25（a）和图 4-25（c）所示，将控制口 K 通过插装体和控制盖板上的通道与油口 A 或 B 直接沟通，即可组成单向阀。图 4-25（a）中设油口 A、B 的压力分别为 p_A、p_B，当 $p_A > p_B$ 时，因作用于 K 口的压力较大，所以阀芯关闭，A、B 截止；反之，$p_A < p_B$ 时，阀芯开启，B、A 导通。在图 4-25（b）中，当 $p_A > p_B$ 时，A、B 导通；当 $p_A < p_B$ 时，B、A 截止。如图 4-25（c）所示为液控单向阀，在控制盖板上接一个二位三通换向阀，当二位三通换向阀控制油口 K 没有控制油液输入时，它是与图 4-25（b）相同的单向阀；当控制油口 K 的控制油液使二位三通换向阀换向后，插装阀阀芯上腔接油箱，即使 $p_A < p_B$，B、A 仍可导通，这样就构成了液控单向阀。

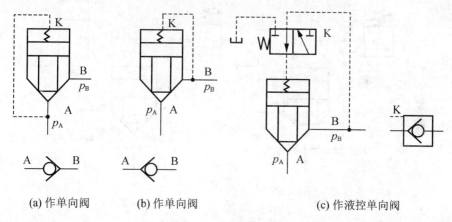

(a) 作单向阀　　　(b) 作单向阀　　　　(c) 作液控单向阀

图 4-25　插装单向阀

② 插装换向阀。如图 4-26（a）所示，在插装阀的控制油路上安装一个二位三通电磁阀和一个梭阀，梭阀的作用相当于两个单向阀，它保证了在二位三通电磁阀不通电时，无论油口 A、B 哪个压力高，插装阀阀芯都处于关闭状态。如图 4-26（b）所示是由两个插装阀单元和一个二位四通电磁阀组成的一位三通阀。它用二位四通电磁阀来控制阀芯控制腔的压力，当电磁阀处于断电位置（图 4-26（b）所示位置）时，左边的插装阀阀芯开启（即 A、T 导通），右边的插装阀阀芯关闭（即 P、A 不通）；当电磁阀通电时，P、A 导通，A、T 不通。

（2）插装压力控制阀。如图 4-27 所示为插装式溢流阀。图 4-27（a）中 A 腔油液经阻尼孔和 K 口进入插装阀控制腔，并与先导式压力阀进油口相连，此时，阀的开启压力由先导式压力阀决定，其工作原理完全与先导式溢流阀相同。如 B 口接油箱，则为溢流阀；如 B 口接负载，则为顺序阀。图 4-27（b）中是在 K 口接了一个二位二通电磁阀，此时该阀为电磁溢流阀。

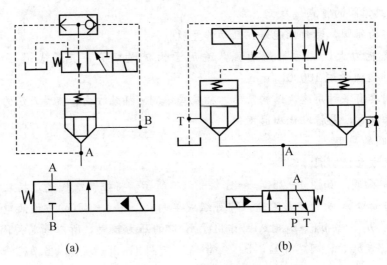

图 4-26　插装换向阀

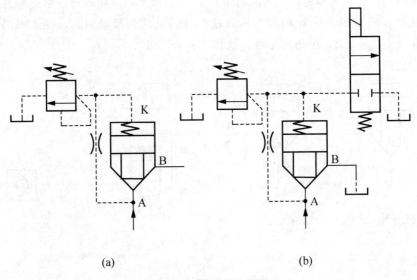

图 4-27　插装压力控制阀

（3）插装流量控制阀。如图 4-28(a)所示为插装节流阀，插装阀阀芯的锥形尾部带节流窗口，锥阀的开启高度由行程调节器（或螺杆）来控制，从而控制流量，成为插装节

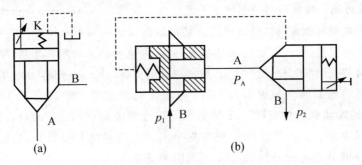

图 4-28　插装流量控制阀

流阀。如图 4-28(b)所示为调速阀，它是在节流阀前串联一个减压阀，减压阀阀芯两端分别与节流阀进、出油口相连接，利用减压阀的压力补偿功能，使节流阀两端的压力差不随负载的变化而变化，从而实现调速阀的功能。

二、电液伺服阀和电液比例阀

电液伺服阀和电液比例阀是随着液压技术的发展而出现的新型液压元件，是液压技术与自动控制技术相结合的体现。其特点是控制灵活，精度高，快速性好，输出功率大。因此在液压系统中得到广泛应用。

1. 电液伺服阀

电液伺服阀应用于液压伺服控制系统中，是液压伺服控制系统的核心元件。电液伺服阀是一个放大元件，它将输入的小功率电信号转换并放大成液压功率(负载压力和负载流量)输出，实现液压执行元件的位移、速度、加速度及力的控制。

1) 电液伺服阀的结构原理

如图 4-29 所示为喷嘴挡板式电液伺服阀的结构原理和图形符号。

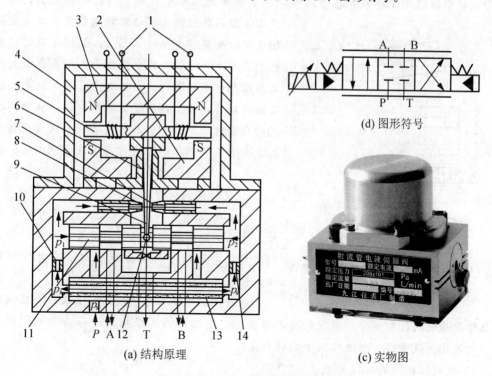

(a) 结构原理

(c) 实物图

(d) 图形符号

图 4-29 喷嘴挡板式电液伺服阀

1—线圈；2、3—导磁体；4—永久磁铁；5—衔铁；6—弹簧管；7、8—喷嘴；
9—挡板；10、14—固定节流口；11—滑阀；12—球头；13—过滤器

该阀由上半部的电磁部分和下半部的液压部分组成，电磁部分为电气—机械转换装置，即力矩马达，液压部分为喷嘴挡板式液压前置放大级和滑阀功率放大级。当线圈 1 无电流信号输入时，力矩马达无力矩输出，衔铁 5 不动，与衔铁固定在一起的挡板 9 亦不动(处于中位)，滑阀 11 处于中位。来自液压泵的油液(压力 p_s)，进入滑阀阀口，此时滑阀阀口关闭，油液不能进入油口 A、B，因此经固定节流孔 10 和 14 分别引到喷嘴 8 和 7，

经喷射后，液流从 T 口流回油箱。由于两喷嘴与挡板的间隙相等，因而油液流经喷嘴的压力损失也相等，滑阀两端压力相等（$p_1 = p_2$），滑阀处于中位。当线圈 1 输入电流时，衔铁受电磁力矩作用而偏转。当电磁力矩为顺时针方向时，衔铁连同挡板一起绕弹簧管中的支点顺时针偏转。此时，左喷嘴 8 距挡板 9 的间隙减小，右喷嘴 7 距挡板 9 的间隙增大，导致压力 p_1 增大，p_2 减小。滑阀向右运动，使 P 与 B 接通，A 与 T 接通。在滑阀向右运动的同时，滑阀带动球头 12 及球头上的挡板 9 逆时针方向偏转，使挡板 9 与左、右喷嘴的间隙趋于相等，当滑阀向右移动到某一位置，滑阀两端的液压作用力与挡板下端球头因电磁力矩而产生的反作用力达到平衡时，滑阀便不再移动，并稳定在这一开度上。

综上所述，若改变输入电流的大小，可调节电磁力矩，从而得到不同的滑阀开口大小。若改变输入电流的方向，则滑阀反向移动，可实现液流的反向控制。

2）电液伺服阀的应用

如图 4-30 所示为轧钢机带钢纠偏装置的液压伺服系统控制图。轧机机组运行时，常因带钢板型缺陷及设备不完善等因素，造成带钢跑偏现象。为了纠正带钢跑偏，通常采用由液压伺服控制的摆动辊纠偏装置。该装置在带钢 1 中心安装有光电检测器 3，带钢跑偏时，光电检测器产生一个相应的电流信号，经晶体放大器放大后输入电液伺服阀 5，电液伺服阀 5 换向，伺服油缸 4 动作，调节摆动辊 2 进行纠偏，从而实现带钢的自动对中。带钢调正后电液伺服阀 5 无信号输入，电液伺服阀在弹簧力作用下恢复到图 4-30 所示位置，结束纠偏动作。

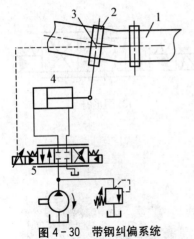

图 4-30　带钢纠偏系统

1—带钢；2—摆动辊；3—光电检测器；
4—伺服油缸；5—电液伺服阀

2. 电液比例阀

电液比例阀是一种根据输入电信号的大小连续、成比例地对油液的压力、流量、方向进行控制的阀类。它的精度和响应速度都没有电液伺服阀快，但成本较低，因而得到迅速发展。

电液比例阀是在普通液压阀上装一个比例电磁铁来替代原有的控制部分，实现电液比例控制。电液比例阀根据用途分为电液比例压力阀、电液比例流量阀、电液比例方向阀三类。

1）电液比例阀的工作原理

如图 4-31 所示为先导式电液比例溢流阀的结构原理及图形符号。其下部为溢流阀，上部为电液比例先导阀。当比例电磁铁输入电信号时，比例电磁铁的衔铁 1，通过顶杆 3 控制弹簧 4 的压缩量，即控制先导锥阀芯 5 的开启压力，从而控制溢流阀主阀芯 7 上腔压力 p_2。随着输入电信号强度的变化，比例电磁铁的电磁力将随之变化，弹簧 4 的压缩量也将发生变化，使锥阀 5 的开启压力随输入信号的变化而变化。如果输入信号是连续、按比例的或按一定程序变化，则比例溢流阀所调节的系统压力也将连续、按比例的或按一定程序变化。

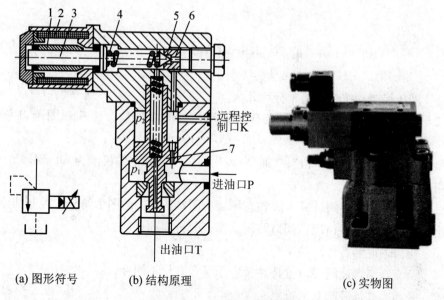

(a) 图形符号　　　　　(b) 结构原理　　　　　(c) 实物图

图 4-31　电液比例溢流阀

1—衔铁；2—线圈；3—顶杆；4—弹簧；5—先导锥阀芯；6—锥阀阀座；7—溢流阀主阀芯

2）电液比例阀的应用

　　如图 4-32(a)所示为利用电液比例溢流阀实现多级调压的控制回路。输入不同的电信号，可控制系统的多种工作压力。如图 4-32(b)为利用电液比例调速阀的调速回路。只要向电液比例调速阀输入对应各种速度的电信号，就可实现各种调速要求。

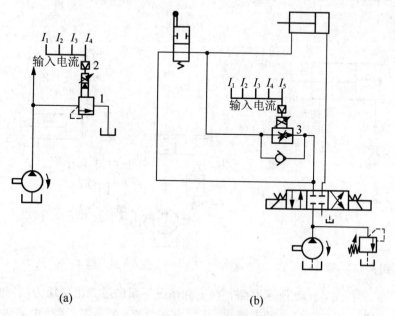

(a)　　　　　　　　　　　　　(b)

图 4-32　电液比例阀的应用

1—电液比例溢流阀；2—电子放大装置；3—电液比例调速阀

同步训练

4-1　液压控制阀按功能通常分为几大类？

4-2　单向阀和液控单向阀各有什么作用？它们在结构、原理和图形符号上有何差别？

4-3　什么是换向阀的"位"、"通"？说明三位换向阀中位机能为 O、M、Y、P 形的特点及用途。

4-4　溢流阀、顺序阀、减压阀各有什么功用？从它们的图形符号、控制油路压力的特点、出油口与油路连接情况、阀口开闭状态上分析异同点。

4-5　压力继电器有什么功用？

4-6　节流阀与调速阀在流量特性及应用场合有何不同？

4-7　叠加阀和插装阀有何特点？

4-8　电液比例阀和电液伺服阀有何特点？

4-9　如图 4-33 所示，定量泵输出流量为恒定值 q_P，如在泵的出口接一节流阀，并将阀的开口调节得小一些，试分析回路中活塞运动的速度 v 和流过截面 P、A、B 三点的流量应满足什么样的关系(活塞两腔的面积为 A_1 和 A_2，所有管道的直径 d 相同)？

4-10　如图 4-34 所示，液压缸无杆腔面积为 $A=50 \mathrm{cm}^2$，负载 $F=10000 \mathrm{N}$，各阀的调定压力如图 4-34 所示，试确定活塞运动时和活塞运动到终点停止时，A、B 两处的压力各为多少？

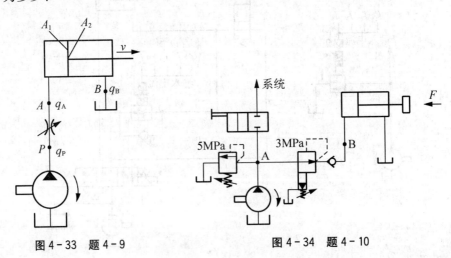

图 4-33　题 4-9　　　　图 4-34　题 4-10

4-11　试分析图 4-35 所示回路，在下列情况下泵的最高出口压力(各阀的调定压力标注在阀的一侧)：(1)全部电磁铁断电；(2)电磁铁 2YA 通电；(3)电磁铁 2YA 断电，1YA 通电。

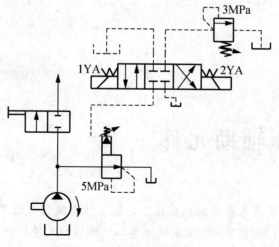

图 4 - 35   题 4 - 11

4 - 12   在图 4 - 36 所示的回路中，液压缸两腔面积 A_1 为 $100 \times 10^{-4} \mathrm{m}^2$，$A_2$ 为 $50 \times 10^{-4} \mathrm{m}^2$，当缸的负载 F 从 0 变化到 30000N 时，缸向右的运动速度保持不变，调速阀最小压差 $\Delta p = 0.5 \mathrm{MPa}$，试求：(1)溢流阀调定压力 p_y 为多少(调压偏差不考虑)？(2)缸可能达到的最高工作压力是多少？

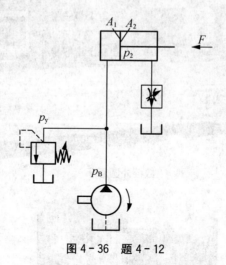

图 4 - 36   题 4 - 12

项目5

知晓液压辅助元件

在图示的数控外圆磨床液压控制系统中，除了具有我们前面了解的动力元件、执行元件和控制元件之外，还有用来保证系统正常工作的辅助元件。如油管和管接头、油箱、蓄能器、过滤器及密封装置等。液压传动系统的辅助元件和其他元件一样，都是系统中不可缺少的组成部分。辅助元件对系统的性能、温升、噪声和寿命的影响很大。因此，对它们的设计和选用应给予足够的重视。

数控外圆磨床

液压系统中的辅助元件

任务 5.1　油管和管接头

- 了解油管和管接头的分类及特点。
- 了解油管和管接头的应用。

油管和管接头统称为管件。管件的选用原则如下：一要保证管中油液做层流流动，管路应尽量短，以减小损失；二要根据工作压力、安装位置确定管材及连接结构；三是凡与泵、阀等连接的管件应由泵、阀等接口尺寸决定其管径的大小。如图 5-1 所示为液压系统中的油管和油接头。

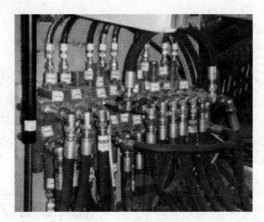

图 5-1　油管和管接头

5.1.1　油管

液压传动系统中常用的油管分为金属管、橡胶软管、尼龙管和塑料管等。金属管包括无缝钢管、紫铜管，无缝钢管用于高压系统，紫铜管用于中、低压系统中；橡胶软管有钢丝编织网橡胶软管和绵绳编织橡胶软管两种，分别用于高压和低压系统；尼龙管的性质柔软，宜于弯曲，布管方便；塑料管质轻耐油，价格便宜。各种油管的应用及特点见表 5-1。

表 5-1　各种油管的应用及特点

油管种类	应　用	特　点
钢管	常用作要求装拆方便的压力油管。中压以上用无缝钢管，常用的有 10 号、15 号冷拔无缝钢管，低压用焊接钢管	能承受高压，耐油，耐腐，不易氧化，刚性好，价格低廉，但装配时不易弯曲成形

续表

油管种类	应用	特点
紫铜管	用于中、低压液压系统中，机床中应用较多，常配以扩口管接头，也可用于仪表和装配不便处	装配时弯曲方便，价高，抗振能力差，易使液压油氧化，但易弯曲成形
橡胶软管	高压软管是由耐油橡胶夹以1～3层钢丝编织网或钢丝缠绕层做成，适用于中、高压液压系统。低压胶管由耐油橡胶夹帆布制成，用于回油管路	用于相对运动部件的连接，分高压和低压两种。装接方便，能减轻液压系统的冲击，成本高，寿命短
塑料管	用作低于0.5MPa的液压回油管与泄油管或气压系统	耐油，成本低，装配方便，长期使用会老化
尼龙管	在液压中、低压和气压系统中使用，承压能力因材料而异，其值为2.8～8MPa，最高耐压可达16MPa，目前气压系统常用	乳白色半透明，可观察流动情况。能代替部分紫铜管，价格低廉，加热后可任意弯曲成形和扩口，冷却后即定形，但寿命较短

5.1.2 管接头

管接头是油管和油管、油管和其他液压元件之间的可拆卸连接件。由于液压系统的泄漏常发生在管路的连接处，所以管接头应具有足够的密封性能。常用的管接头可分为扩口管接头、焊接管接头、卡套管接头、扣压式胶管接头、快速接头等。如图5-2所示为常用管接头。

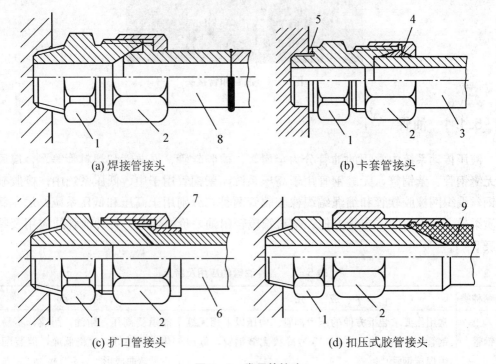

(a) 焊接管接头　　　　　(b) 卡套管接头

(c) 扩口管接头　　　　　(d) 扣压式胶管接头

图5-2　常用管接头

1—接头体；2—螺母；3—钢管；4—卡套；5—垫圈；6—扩口薄管；7—管套；8—接管；9—橡胶软管

1. 焊接管接头

如图 5-2(a)所示，它是把被连接管子的一端与管接头的接管 8 焊接在一起，通过螺母 2 将接管 8 与接头体 1 压紧。焊接管接头制造工艺简单，工作可靠，用于钢管连接。

2. 卡套管连接

如图 5-2(b)所示，它由接头体 1、卡套 4 和螺母 2 这三个基本零件组成。卡套是一个在内圆端部带有锋利刃口的金属环，刃口在装配时切入被连接的油管而起连接和密封作用。这种管接头轴向尺寸要求不严，拆装方便，无须焊接或扩口。但对油管的径向尺寸精度要求较高，适用于冷拔无缝钢管。

3. 扩口管接头

如图 5-2(c)所示，将被连接管 6 穿入管套 7 后扩成喇叭口(74°～90°)，再用螺母 2 把管套连同被连接管一起压紧在接头体 1 的锥面上形成密封。适用于铜管、铝管或钢管等薄壁管，也可用来连接塑料管和尼龙管等低压管道。

4. 扣压式胶管接头

如图 5-2(d)所示，扣压式胶管接头是高压胶管接头常用的一种形式。装配时须剥离外胶层，软管装好再用模具扣压，使其具有较好的抗拔脱和密封性能。

5. 快速接头

如图 5-3(a)所示，当系统中某一局部不需要经常供油时，或执行元件的连接管路要经常拆卸时，往往采用快速接头与高压软管配合使用。图 5-3 中快速接头各零件的位置为油路接通位置，外套 4 把钢球 3 压入槽底使管路连接起来，单向阀阀芯 2 和 6 互相推挤使油路接通。当需要断开时，可用力将外套 4 向左推，同时拉出接头体 5，油路断开。与此同时，单向阀阀芯 2 和 6 在各自弹簧 1 和 7 的作用下外伸，顶在接头体的阀座上，使两个管内的油封闭在管中，这种接头在液压和气压系统中均有应用。

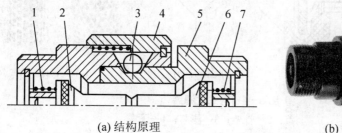

(a) 结构原理　　　　　　　　　　(b) 实物图

图 5-3　快速接头

1、7—弹簧；2、6—单向阀阀芯；3—钢球；4—外套；5—接头体

任务 5.2　滤油器和蓄能器

任务详解

- 了解滤油器和蓄能器的功用及分类。
- 了解滤油器和蓄能器的特点及应用。

5.2.1 滤油器的类型及特点

液压与气压系统的大多数故障是由于介质中混有杂质造成的，因此，保持工作介质清洁是系统正常工作的必要条件。滤油器也称过滤器，其功用是截留油液中不可溶的污染物，使油液保持清洁，避免液压元件内部相对运动部分的表面划伤、磨损或卡死；防止堵塞阀口，腐蚀元件，降低寿命；确保液压系统正常工作。

滤油器按过滤精度可分为粗滤油器和精滤油器两大类；按滤芯的结构可分为网式、线隙式、磁式、烧结式和纸芯式；按过滤的方式可分为表面型、深度型和中间型等。下面按滤芯的结构对滤油器的类型做简要介绍。

1. 网式滤油器

如图 5-4(a)所示，网式滤油器的滤芯如筛网一样把杂质颗粒阻留在其表面上，通常用金属网制成，过滤精度与网孔大小和网层数有关。其特点是结构简单，通油能力大，清洗方便，但过滤精度较低，属粗滤油器，常用于液压泵的吸油口。网式滤油器图形符号如图 5-4(b)所示，实物图如图 5-4(c)所示。

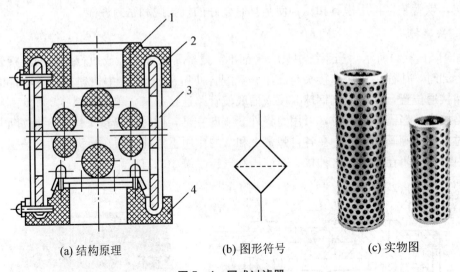

(a) 结构原理　　　　(b) 图形符号　　　　(c) 实物图

图 5-4　网式过滤器

1—上盖；2—骨架；3—滤芯；4—下盖

2. 线隙式滤油器

如图 5-5(a)所示，线隙式滤油器的滤芯 3 是由细金属丝绕在骨架 4 上形成的，依靠金属丝螺旋线间的间隙阻留油液中的杂质。其结构简单，通油能力大，也属粗滤油器，但滤油精度比网式滤油器高，被广泛用于液压系统的进油和回油粗过滤。线隙式滤油器实物图如图 5-5(b)所示。

3. 烧结式滤油器

如图 5-6(a)所示为烧结式滤油器，这种滤油器的滤芯 3 是由金属粉末烧结而成的，

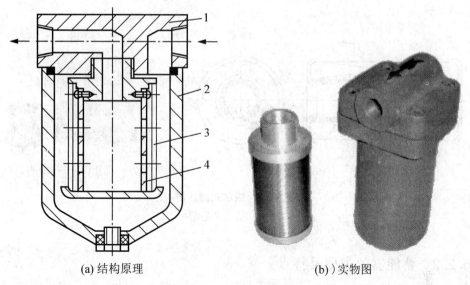

(a) 结构原理　　　　　　　　(b)）实物图

图 5-5　线隙式滤油器

1—上盖；2—壳体；3—滤芯；4—骨架

它利用金属颗粒之间的微孔进行过滤。油液从左侧孔进入，经滤芯过滤后，从下部的油孔流出。其优点是过滤精度高、耐高温、滤芯强度大，但易阻塞，通油阻力损失较大。所以不能直接安放在泵的吸油口，一般安装在排油或回油路上。烧结式滤油器如图 5-6(b)所示。

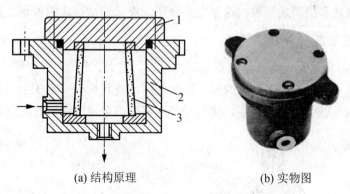

(a) 结构原理　　　　　　　　(b) 实物图

图 5-6　烧结式滤油器

1—上盖；2—壳体；3—滤芯

4. 纸芯式滤油器

如图 5-7(a)所示，纸芯式滤油器的滤芯 1 是由具有一定微孔的滤纸折叠而制成的。它的过滤精度比较高，适用于一般的高压液压系统。由于这种滤油器阻力损失较大，所以只能安排在排油管路和回油管路上，不能放在液压泵的吸油口。纸芯式滤油器如图 5-7(b)所示。

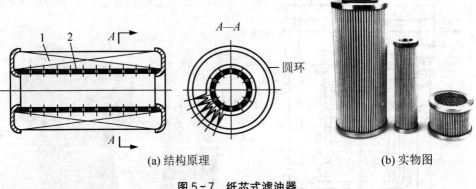

(a) 结构原理　　　　　　　　(b) 实物图

图 5-7　纸芯式滤油器

1—滤芯；2—芯架

5.2.2　蓄能器的类型及特点

蓄能器是用来储存和释放流体压力能的装置。其作用是当系统的压力高于蓄能器内流体的压力时，系统中的流体充进蓄能器中，直到蓄能器内外压力相等；反之，当蓄能器内流体的压力高于系统的压力时，蓄能器内的流体流到系统中去，直到蓄能器内外压力平衡。因此，蓄能器可以在短时间内向系统提供压力流体，也可以吸收系统的压力脉动和减小压力冲击。

蓄能器有重锤式、弹簧式和充气式三类，用得最多的是充气式，充气式蓄能器又分为气囊式、活塞式和隔膜式三种。这里主要介绍气囊式和活塞式两种蓄能器。

1. 气囊式蓄能器

如图 5-8(a)所示为气囊式蓄能器的结构原理，它由充气阀 1、壳体 2、气囊 3、提升阀 4 等组成。从充气阀 1 向气囊 3 内充入压缩气体，使其具有一定压力。被储存的油液从壳体底部提升阀 4 处引到气囊外腔，使气囊受压缩而储存液压能。其优点是惯性小、反应

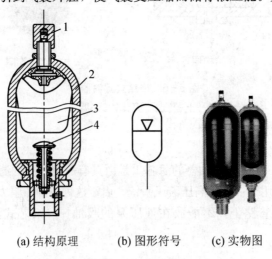

(a) 结构原理　　　(b) 图形符号　　　(c) 实物图

图 5-8　气囊式蓄能器

1—充气阀；2—壳体；3—气囊；4—提升阀

灵敏、体积小、重量轻，故在液压系统中得到广泛的应用。缺点是容量小，加工制造较困难。如图 5-8(b) 所示为蓄能器的图形符号。气囊式蓄能器如图 5-8(c) 所示。

2. 活塞式蓄能器

如图 5-9(a) 所示为活塞式蓄能器，它利用在缸筒 2 中浮动的活塞 3 把缸中液压油和气体隔开。具有一定压力的气体从充气阀 1 进入活塞上腔，被储存液压油由蓄能器底部进油口进入。其结构简单，易安装，维修方便，但活塞的密封效果欠佳，活塞动作不够灵敏。结构原理如图 5-9(a) 所示，实物图如图 5-9(b) 所示。

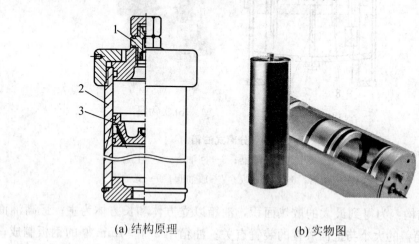

(a) 结构原理　　　　　　　　(b) 实物图

图 5-9　活塞式蓄能器

1—充气阀；2—缸筒；3—活塞

任务 5.3　油箱

- 了解油箱的功用。
- 了解其结构形式及特点。

5.3.1　油箱的功用

油箱的功用主要是储存油液，散发油液中的热量，分离油液中的气体，沉淀油中的杂质等。液压系统中的油箱有总体式和分离式两种。总体式油箱是利用机器设备机身内腔为油箱，结构紧凑，各处漏油易于回收，但维修不便，散热条件不好。分离式油箱是设置一个单独油箱，与主机分开，减少了油箱发热和液压振动对工作精度的影响，因此得到了普遍的应用。

5.3.2　油箱的结构

如图 5-10(a)所示为分离式油箱结构原理，图 5-10(b)为实物图，其具有以下特点。

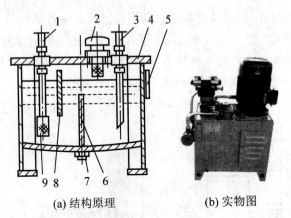

(a) 结构原理　　　　　(b) 实物图

图 5-10　分离式油箱

1—吸油管；2—空气过滤器；3—回油管；4—上盖；
5—油面指示器；6、8—隔板；7—放油阀；9—滤油器

（1）基本结构：为得到最大的散热面积，油箱以立方体和长方体为主；最高油面为总高的 80%；箱盖的大小与上面放置的装置有关；油箱用 2.4~4mm 厚的钢板制成；大容量的油箱采用骨架式结构。

（2）吸回油管设置：泵的吸油管与系统的回油管管口之间应尽量远，以增加油液循环距离，以便分离气泡和沉淀杂质；并且都应在油面最低时能浸入油面之下，以防止吸油时吸入空气，回油时油液中混入空气；吸油管管口安装滤油器，且吸油管管口与油箱底面距离应大于 2 倍油管外径。

（3）其他：油箱中设置隔板，将吸、回油隔开，使油液循环流动；空气过滤器的作用是使油箱与大气分离，并防止灰尘的污染；油面指示器用于监测油面的高度。

　**拓展知识**

热交换器

由于液压系统工作时，液压泵、液压马达、液压缸可产生容积损失和机械损失；液压控制装置和管路存在压力损失；工作介质存在粘性摩擦损失等功率损失，因而液压系统要产生一定的能量消耗，消耗的能量几乎全部转化为热能。而这些热能大部分被液压油吸收，使油温升高，油液的粘性和润滑性能降低，系统泄漏增加，损耗增大。当油温高于 80℃时，油液易发生变质析出杂质，这些杂质如进入元件的滑动表面和配合间隙，会引起故障，使液压元件损坏，影响系统的正常工作。当工作环境温度过低，又将造成系统起动、吸入困难，产生气穴现象，同样影响系统正常工作。因此保持合适的系统工

作温度下的热平衡，是非常必要的。液压系统常使用冷却器和加热器对液压系统进行强制冷却或预热，以保持系统的稳定工作。

1. 冷却器

冷却器通常可分为水冷式、风冷式和冷媒式三种形式。以下介绍几种常用的冷却器。如图 5-11(a)所示为水冷式的蛇形管式冷却器结构原理，它由一组或多组蛇形管组成，直接放置在油箱内，冷却水从管内流过，从而将油液中的热量带走。此种冷却器由于油液流动速度低，散热面积小，故冷却效率较低。蛇形管式冷却器图形符号如图 5-11(b)所示。

(a) 结构原理　　　　　(b) 图形符号

图 5-11　蛇形管式冷却器

如图 5-12(a)所示为多管式冷却器结构原理，它适用于大功率系统，对系统中的油液采用强制对流式的冷却方式，冷却效果良好。从图 5-12(a)中可看出，冷却水从管中流过，油液从筒体间的管间流过，中间隔板使油液反复折流，从而增加油液的循环路径长度，强化了热交换效果。油液流速一般控制在 $1\sim1.2m/s$，水管为黄铜管，壁厚一般为 $1\sim1.5m$。实物图如图 5-12(b)所示。

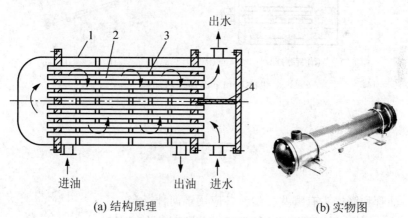

(a) 结构原理　　　　　　　　　　(b) 实物图

图 5-12　多管式冷却器

1—筒体；2—水管；3—进油隔板；4—进出水隔板

如图 5-13(a)所示为翅片管式冷却器结构原理。其管外嵌入大量的散热翅片，翅片一般用厚度为 $0.2\sim0.3mm$ 的铜片或铝片制成，散热面积可达光管的 $8\sim10$ 倍，且重量和体积相对较小。此散热器的管子形状有圆管和椭圆管两种。椭圆管的空气流动性好，散热系数高。实物图如图 5-13(b)所示。

2. 加热器

液压设备在高寒地区使用时，由于开始工作时系统油温较低，会出现系统起动困难，系统效率低等问题，因此必须对油箱中的油液进行预加热，然后才能起动系统进行工作。

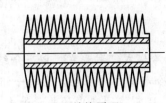 

(a) 结构原理　　　　　　　(b) 实物图

图 5 - 13　翅片管式冷却器

另外，对于一些只有在恒温下才能保持稳定工作的液压实验设备和精密机床液压设备，在开始工作之前，也必须将油温提高到一定值。加热油温的方法有以下两种。

（1）用系统中的液压泵加热，即将液压泵的驱动功率全部转化为热量，使油温升高。方法是使液压泵排出的油液全部经溢流阀或安全阀流回油箱。

（2）用加热器加热油液，一般采用电加热器加热，如图 5 - 14 所示。这种加热器可根据最高和最低使用油温实现自动调节。在使用时应注意，电加热器的加热部分必须全部浸入油液之中，要避免因油液蒸发液面下降而使加热器露出油液表面，并注意油液的对流。加热器最好水平安装在油箱回油管一侧的油箱壁上，以便加速热量的扩散。

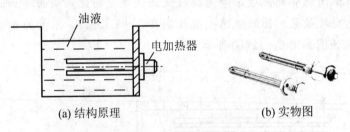

(a) 结构原理　　　　　　　　　　　　(b) 实物图

图 5 - 14　电加热器加热

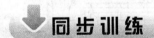

5 - 1　油管和管接头有哪些类型？各应用于何种场合？

5 - 2　滤油器和蓄能器有哪几种类型？分别有什么特点？

5 - 3　油箱的功用是什么？吸、回油管的设置应注意哪些问题？

项目6

组建液压基本回路

　　无论是何种机械设备的液压传动系统，其都是由一些液压基本回路组成的。所谓液压基本回路就是能够完成某种特定控制功能的液压元件和管道的组合。通常来讲，一个液压传动系统由若干个基本回路组成。基本回路的种类很多，按功能可分为：用来控制执行元件运动方向的方向控制回路；用来控制系统或某支路压力的压力控制回路；用来调节执行元件运动速度的调速回路；用来控制多缸运动的多缸运动回路等。例如扒渣机的机械手臂液压系统就是由调速回路、平衡回路、卸荷回路、方向控制回路等组成的。熟悉和掌握液压传动基本回路的组成结构、工作原理及其性能特点，对分析液压传动系统是非常必要的。

扒渣机

任务 6.1 方向控制回路

- 能阐述方向控制回路的工作原理及组成特点。
- 了解方向控制回路的应用。

6.1.1 换向回路

换向回路只需在动力元件与执行元件之间采用普通换向阀。如图 6-1 所示为双作用液压缸换向回路。当换向阀处于中位时，M 形的中位机能使泵卸荷，缸两腔油路封闭，活塞制动；当换向阀处于左位时，液压缸左腔进油，右腔回油，活塞右移；当换向阀处于左位时，液压缸左腔进油，活塞左移。该回路可使活塞在任意位置停止运动。

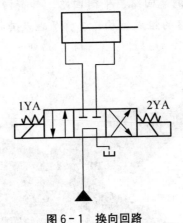

图 6-1 换向回路

6.1.2 锁紧回路

锁紧回路通过切断执行元件进油、出油通道而使执行元件准确地停在确定的位置，并防止停止运动后因外界因素而发生窜动。该回路可利用三位四通换向阀的 M 形、O 形中位机能进行锁紧，但由于滑阀的泄漏活塞不能长时间保持停止位置不动，锁紧精度不高，因此一般采用三位四通换向阀与液压锁(双液控单向阀)组合构成锁紧回路。

如图 6-2 所示为锁紧回路。换向阀处于中位时，因阀的中位为 H 形机能(或 Y 形)，液压泵卸荷，液压系统无压力，液控单向阀 1 和 2 均关闭，使活塞双向锁紧。

当换向阀处于左位时，压力油经单向阀 1 进入液压缸左腔，同时压力油亦进入单向阀 2 的控制油口 K，打开单向阀 2，使液压缸右腔的回油可经单向阀 2 及换向阀流回油箱，活塞向右运动；反之，活塞向左运动。

在这个回路中，由于液控单向阀的阀座一般为锥阀式结构，所以密封性好，泄漏极少，锁紧精度主要取决于液压缸的泄漏。这种回路被广泛用于工程机械、起重运输机械等有锁紧要求的场合。

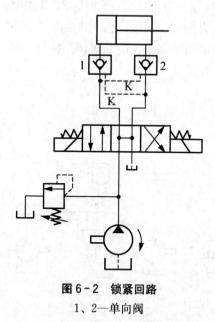

图 6-2　锁紧回路

1、2—单向阀

任务 6.2　压力控制回路

- 能阐述压力控制回路的工作原理。
- 熟悉各种压力控制回路的组成特点及应用。

6.2.1　调压回路

调压回路的作用是控制系统整体或某部分的压力，使其保持恒定或限定系统的最高压力。一般用溢流阀来实现这一功能。

1. 单级调压回路

如图 6-3(a)所示，系统中有节流阀，当执行元件工作时，溢流阀 2 阀芯浮动，常开溢流，并使系统压力稳定在调定压力附近。此时溢流阀作定压阀用，多为定量泵节流调速回路。

2. 二级调压回路

如图 6-3(b)所示为二级调压回路，利用先导型主溢流阀 2 的远程控制口远程调压可实现两种不同的系统压力控制。当二位二通阀 3 处于图 6-3(b)中所示位置时，由主溢流阀 2 调定系统压力；当二位二通阀 3 带电后处于右位工作时，系统压力由直动式溢流阀 4 调定。需注意的是，主溢流阀 2 的调定压力必须大于直动式溢流阀 4 的调定压力。

3. 多级调压回路

如图6-3(c)所示，系统压力分别由溢流阀1、2、3控制，组成三级调压回路。当换向阀4处于中位时，系统压力由阀1调定；当阀4处于左位时，系统压力由阀2调定；当阀4处于右位时，系统压力由阀3调定。同二级调压回路一样，主溢流阀1的调定压力必须大于阀2、阀3的调定压力。

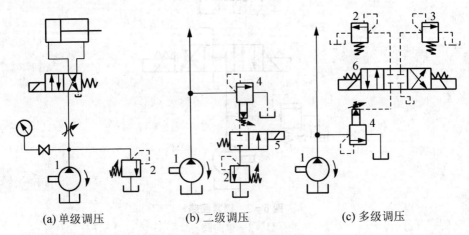

(a) 单级调压　　　　　(b) 二级调压　　　　　(c) 多级调压

图6-3　调压回路

1—液压泵；2、3—直动式溢流阀；4—先导式溢流阀；5—二位二通阀；6—三位四通阀

6.2.2　减压回路

系统某一局部支路要求获得低于系统调定压力值时，可采用减压回路，如机床的夹紧、定位、润滑及控制油路等。如图6-4所示的减压回路，利用减压阀2减压，使夹紧

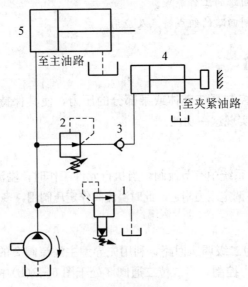

图6-4　减压回路

1—先导式溢流阀；2—顺序阀；3—单向阀；4—夹紧油缸；5—主油路油缸

回路压力低于主油路压力，回路中的单向阀3是为防止当主油路压力低于减压阀调定压力时油缸4中油液倒流，起短时保压作用。

为确保减压阀稳定工作，减压阀最低调整压力不小于0.5MPa，最高调整压力至少比系统压力低0.5MPa。

6.2.3 增压回路

增压回路是使系统中某一部分具有较高的稳定压力。它能使系统中的局部压力远高于液压泵的输出压力。

1. 单作用增压缸的增压回路

如图6-5(a)所示为单作用增压缸的增压回路。当换向阀处于图6-5(a)所示工作位置时，压力为p_1的油液进入增压缸的大活塞腔，这时在小活塞腔可得到压力为p_2的高压油液，增压的倍数是大小活塞的工作面积之比。当换向阀右位接入系统时，增压缸返回，辅助油箱中的油液经单向阀补入小活塞腔。因而该回路只能间歇增压，所以称为单作用增压回路。

2. 双作用增压缸增压回路

如图6-5(a)所示为双作用增压缸增压回路。在图6-5(b)所示位置，液压泵输出的压力油液经换向阀5和单向阀4进入增压缸左端大、小活塞腔，右端大活塞腔与油箱沟通，右端小活塞腔增压后的高压油经单向阀2输出，此时单向阀1、3被关闭。当增压缸活塞移到右端时，换向阀得电换向，增压缸活塞向左移动。同理，左端小活塞腔输出的高压油经单向阀1输出，如此循环，两端便交替输出高压油，从而实现了连续增压。

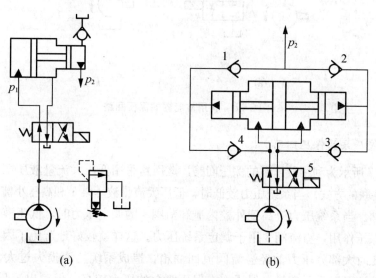

(a)　　　　　　　　(b)

图6-5　增压回路
1、2、3、4—单向阀；5—换向阀

6.2.4 保压回路

执行元件在工作循环的某一阶段内，需要保持一定压力时，应采用保压回路。保压回路有几种形式，下面分别进行简单的介绍。

1. 利用蓄能器的保压回路

如图 6-6(a)所示为一夹紧液压缸工作回路。在夹紧液压缸工作回路中，主换向阀左位工作时，液压缸活塞向右移动进行夹紧工作，当压力升至压力继电器调定值时，二位二通阀通电，液压泵卸荷，单向阀自动关闭，液压缸由液压蓄能器保压。保压过程如下：当泄漏导致液压缸中油液压力低于蓄能器内的油液压力时，蓄能器便向液压缸输入压力油为其保压；因蓄能器的能量是有限的，当蓄能器不能向油缸提供压力油时，液压缸压力不足，压力继电器复位，使泵重新工作。保压时间的长短取决于蓄能器的容量。如图 6-6(b)所示为多缸系统的保压回路。此回路当主油路压力降低时，单向阀关闭，支路蓄能器保压补偿泄漏。压力继电器的作用是当支路压力达到预定值时发出信号，使主油路动作。

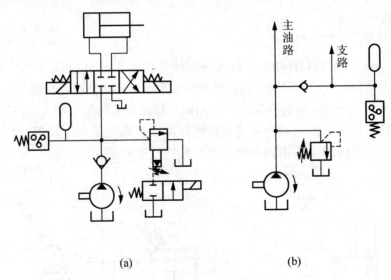

(a)   (b)

图 6-6　利用蓄能器的保压回路

2. 利用液压泵的保压回路

如图 6-7 所示为利用液压泵的保压回路，该回路采用低压大流量液压泵 1 和高压小流量液压泵 2 并联的方式。当系统压力较低时，低压大流量液压泵 1 和高压小流量液压泵 2 同时向系统供油。当系统压力升高到外控内泄卸荷阀 4 的调定压力时，低压液压泵卸荷，高压液压泵起保压作用，溢流阀 3 用于调定系统压力。这样就较好地避免了因采用一个定量泵在系统保压时大部分压力油经溢流阀流回油箱，造成系统功率损失过大、易发热的情况发生。另外还可以采用变量泵保压，在保压时泵的压力较高，但输出流量几乎等于零，因而，液压系统的功率损失小，且这种保压方法能随泄漏量的变化而自动调整输出流量，因而，其效率也较高。

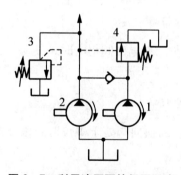

图6-7　利用液压泵的保压回路

1—低压大流量泵；2—高压小流量泵；3—溢流阀；4—卸荷阀

3. 利用液控单向阀的保压回路

如图6-8所示为采用液控单向阀的保压回路。该回路采用液控单向阀和电接触式压力表对系统进行自动补油。当2YA得电，换向阀右位，液压缸上腔进油，活塞伸出。当液压缸压紧工件需要保压时，液压缸上腔压力升高，当压力达到电接触式压力表预定上限值时，电接触式压力表发出信号，使换向阀2YA断电，液压泵通过换向阀中位卸荷，液压缸上腔压力由液控单向阀保持。当液压缸上腔压力下降到预定下限值时，电接触式压力表又发出信号，使2YA得电，液压泵再次向系统供油，使压力上升；当压力达到上限值时，电接触式压力表又发出信号，使2YA失电。因此，这一回路能自动地使液压缸补充压力油，并能长期保持液压缸上腔压力在一定范围内变化。

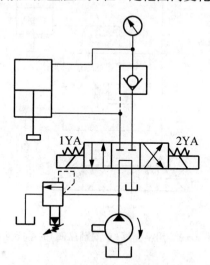

图6-8　利用液控单向阀的保压回路

6.2.5　卸荷回路

卸荷回路是使液压泵在接近零压的工况下运转，以减少功率损失和系统发热，延长液压泵和电动机的使用寿命。

1. 利用电磁溢流阀的卸荷回路

如图 6-6(a)所示，当二位二通电磁阀得电时，使溢流阀的遥控口接油箱，此时溢流阀开启，液压泵输出的油液经溢流阀流回油箱，液压泵卸荷。

2. 利用三位换向阀的卸荷回路

如图 6-8 所示，当三位四通换向阀处于中位时，液压泵输出的油液流回油箱，液压泵卸荷。

6.2.6 平衡回路

平衡回路是为了防止垂直油缸及其工作部件因自重自行下落或下行运动中因自重造成的失控失速而设置的，通常利用平衡阀(单向顺序阀)和液控单向阀来实现平衡控制。

1. 用平衡阀(单向顺序阀)的平衡回路

如图 6-9 所示为用平衡阀(单向顺序阀)的平衡回路。在此回路中，液压缸的下腔油路上加设一个平衡阀(单向顺序阀)。当 1YA 得电时，活塞下行，液压缸下腔油液在顺序阀的作用下形成一个与液压缸运动部分重量相平衡的压力，使活塞下降平稳，防止其因自重下降。

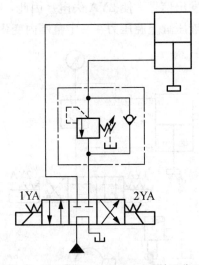

图 6-9 用平衡阀(单向顺序阀)的平衡回路

2. 利用液控单向阀锁紧的平衡回路

如图 6-10 所示为利用液控单向阀锁紧的平衡回路。在此回路中，当换向阀处于右位工作时，液压缸下腔进油，液压缸上升至终点；当换向阀处于中位工作时，液压泵卸荷，液压缸停止运动，液控单向阀锁紧液压缸下腔油液；当换向阀处于左位工作时，液压缸上腔进油，液压缸下腔的回油由节流阀限速，由液控单向阀锁紧，当液压缸上腔压力足以打开液控单向阀时，液压缸才能下行。

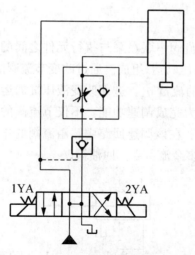

图6-10 利用液控单向阀锁紧的平衡回路

任务6.3 速度控制回路

任务详解

- 能阐述各速度控制回路的工作原理。
- 熟悉各种速度控制回路的组成特点及应用。

在液压与气压传动系统中,调速回路占有重要地位。例如,在机床液压传动系统中,用于主运动和进给运动的调速回路对机床加工质量有着重要的影响。在不考虑泄漏的情况下,液压缸的运动速度由进入(或流出)液压缸的流量 q 及其有效作用面积 A 决定,即

$$v = \frac{q}{A} \tag{6-1}$$

同样,液压马达的转速 n 由进入马达的流量 q 和马达的排量 V_m 决定,即

$$n = \frac{q}{V_m} \tag{6-2}$$

由式(6-1)和式(6-2)可知,若改变进入液压执行元件的流量 q,或改变液压缸的有效面积 A(或液压马达的排量 V_m),都可达到改变执行元件运动速度的目的,但改变液压缸的有效面积是不现实的。调速回路按改变流量的方法不同可分为三类:节流调速回路、容积调速回路及容积节流调速回路。

6.3.1 节流调速回路

节流调速回路是由定量泵和流量阀组成的调速回路,通过调节流量阀通流截面积的大小来控制流入或流出执行元件的流量,从而调节执行元件的运动速度。节流调速回路按流量阀在回路中位置的不同,可分为进油节流调速回路、回油节流调速回路和旁路节流调速回路三种。

1. 进油节流调速回路

如图 6-11(a)所示，节流阀串联在泵与执行元件之间的进油路上，它由定量泵、溢流阀、节流阀及液压缸(或液压马达)组成。通过改变节流阀的开口量(即通流截面积 A_T)的大小，来调节进入液压缸的流量 q_1，进而改变液压缸的运动速度。定量泵输出的多余流量由溢流阀溢流回油箱。为完成调速功能，不仅节流阀的开口量能够调节，而且必须使溢流阀始终处于溢流状态。在该调速回路中，溢流阀的作用为：一是调整并基本恒定系统压力；二是将泵输出的多余流量溢流回油箱。

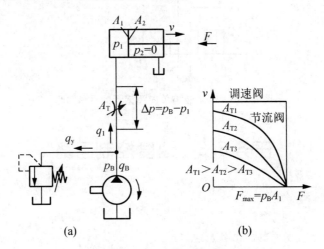

(a)   (b)

图 6-11　进油节流调速回路

可选用不同的 A_T 值作 v—F 坐标曲线图，即速度负载特性曲线，如图 6-11(b)所示。速度负载特性曲线表明了液压缸运动速度随负载变化的规律，曲线越陡，说明负载变化对速度的影响越大，即速度刚性越差；当节流阀通流面积 A_T 一定时，重载区域比轻载区域的速度刚性差；在相同负载条件下，节流阀通流面积大的比小的速度刚性差，即速度高时速度刚性差。所以这种调速回路适用于低速轻载的场合。

该回路的最大承载能力为 $F_{max} = p_B A_1$，由于液压缸面积 A_1 不变，所以在泵的供油压力已经调定的情况下，其最大承载能力不随节流阀通流面积的变化而变化，故为恒推力或恒转矩调速。

2. 回油节流调速回路

如图 6-12 所示，在回油节流调速回路中，液压泵输出液压油，溢流阀溢流，液压泵向液压缸左腔输油，液压缸右腔通过节流阀回油。通过改变节流阀开口量的大小，来调节流出液压缸的流量 q_2。由于进入液压缸的流量 q_1 受到回油路排出流量 q_2 的限制，因而用节流阀调节液压缸的排出流量 q_2，也就调节了进油量 q_1，进而改变了液压缸的运动速度。定量液压泵输出的多余流量由溢流阀溢回油箱。为了完成调速功能，不仅节流阀的开口量能够调节，而且必须使溢流阀始终处于开启溢流状态。在该调速回路中，溢流阀的作用与进油节流调速回路中的相同。其调速特性与进油节流调速回路类似，不再赘述。

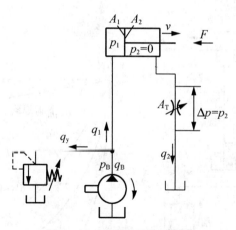

图 6-12　回油节流调速回路

进油节流调速回路和回油节流调速回路的特性虽然基本相同，但仍然存在一些不同点。

1）承受负值负载的能力

回油节流调速回路中的节流阀能使液压缸回油腔形成一定的背压，因而，它能承受负值负载（与液压缸运动方向相同的负载力）。而进油节流阀调速回路只有在液压缸回油路上设置背压阀后，才能承受负值负载，但是，这样要增加进油节流调速回路的功率损失。

2）油液发热对油路的影响

在回油节流调速回路中，流经节流阀而发热的油液，直接流回油箱冷却；而在进油节流调速回路中，流经节流阀而发热的油液要进入液压缸，这对于对热变形有严格要求的精密设备会产生不利影响。

3）运动平稳性

回油节流调速回路由于回油路上存在背压，可以有效地防止空气从回油管吸入，因而低速时不易爬行，高速时不易振颤，即运动平稳性好。

总的来看，进油、回油节流调速回路，结构简单，造价低廉，但效率低，只适用于负载变化不大、低速、小功率的场合，如平面磨床、外圆磨床的工作台往复运动系统等。

3. 旁路节流调速回路

如图 6-13(a)所示为旁路节流调速回路，用节流阀调节了液压泵溢回油箱的流量 q_T，从而控制了进入液压缸的流量 q_1，调节节流阀的通流面积即可实现调速。由于溢流已由节流阀承担，故溢流阀实际上是安全阀，常态时关闭，系统过载时才打开。此调速回路液压泵工作过程中的压力完全取决于负载而不恒定，所以这种调速方式又称变压式节流调速。

旁路节流调速回路的速度负载特性曲线如图 6-13(b)所示，由该曲线可知，当节流阀通流面积一定而负载增加时，速度显著下降，即特性很软。当节流阀通流面积一定时，负载越大，速度刚度越大（曲线越平缓）；当负载一定时，节流阀通流面积 A_T 越小（即活塞运动速度高），速度刚度越大，因而该回路适用于高速重载的场合。

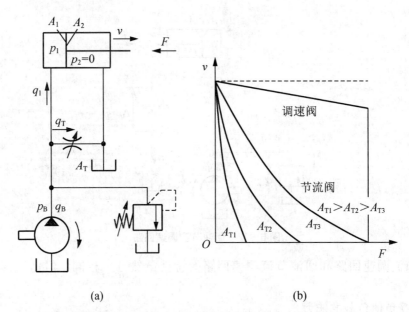

(a)   (b)

图 6 - 13　旁路节流调速回路

最大承载能力随节流阀通流面积 A_T 的增加而减小，即旁路节流调速回路的低速承载能力很差，调速范围也小。由于旁路节流调速回路低速承载能力较差，故其应用比前两种回路少，只适用于高速、重载，且对速度平稳性要求不高的较大功率系统中，如牛头刨床主运动系统、输送机械液压系统等。

4. 采用调速阀的节流调速回路

在进油、回油和旁路节流调速回路中，当负载变化时，要引起节流阀前后工作压差的变化。对于开口量一定的节流阀来说，当工作压差变化时，其通过的流量必然变化，这就导致液压执行元件运动速度的变化。因此可以说，上述三种节流阀调速回路速度平稳性差的根本原因是采用了节流阀。

如果在上述节流调速回路中，用调速阀代替节流阀，便构成了采用调速阀的进油、回油和旁路节流调速回路，其速度平稳性将大为改善。因为只要调速阀的工作压差值超过它的最小压差值，一般为 $0.4 \sim 0.5$ MPa，则通过调速阀的流量便不随压差而变化，其调速特性曲线如图 6 - 11(b) 和图 6 - 13(b) 所示。

6.3.2　容积调速回路

节流调速回路由于存在着节流损失和溢流损失，回路效率低，发热量大，因此，只用于小功率的调速系统。在大功率的调速系统中，多采用回路效率高的容积调速回路。

容积调速回路是通过改变变量泵或变量马达的排量来调节执行元件的运动速度。在容积调速回路中，液压泵输出的液压油全部直接进入液压缸或液压马达，无溢流损失和节流损失，而且液压泵的工作压力随负载的变化而变化，因此，这种调速回路效率高，发热量少。容积调速回路多用于工程机械、矿山机械、农业机械和大型机床等大功率的调速系统中。

根据液压系统的油液循环方式不同,容积调速可分为开式回路和闭式回路两种。在开式回路中,液压泵从油箱中吸入液压油,然后将液压油送到液压执行元件中去,执行元件的回油排至油箱。这种回路结构简单,油液在油箱中能够充分冷却,但空气和污物易进入回路,油箱体积也较大。在闭式回路中,液压泵将液压油压送到执行元件的进油腔中,同时又从执行元件的回油腔吸入液压油。闭式回路结构尺寸紧凑,空气和其他污物侵入系统的可能性小,只需很小的补油箱即可,但散热条件差,结构比较复杂,造价较高。

根据液压泵与执行元件的组合方式不同,容积调速回路通常有三种基本形式:变量泵—定量液压执行元件容积调速回路;定量泵—变量马达容积调速回路;变量泵—变量马达容积调速回路。

1. 变量泵—定量液压执行元件容积调速回路

图6-14(a)所示为开式循环的变量泵—液压缸容积调速回路。该回路通过改变液压泵的排量,对液压缸进行调速;回路中溢流阀作安全阀使用,限定系统的最高压力,只在过载时才打开。

如图6-14(b)所示为闭式循环的变量泵—定量马达容积调速回路,该回路由变量泵1、安全阀2、定量马达3、溢流阀4和补油泵5等组成。改变变量泵的排量,即可以调节定量马达的转速。安全阀用来限定回路的最高压力,起过载保护作用。补油泵用于补充由泄漏等因素造成的变量泵吸油量的不足部分。溢流阀调定补油泵的输出压力,并将其多余的油液溢回油箱。

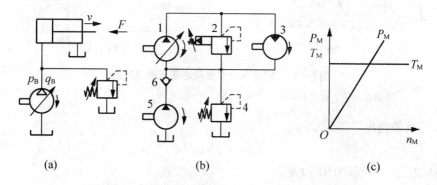

图6-14 变量泵—定量液压执行元件容积调速回路
1—变量泵;2—安全阀;3—变量马达;4—溢流阀;5—补油泵;6—单向阀

在正常工作条件下,变量泵—定量马达容积调速回路输出转矩与实际的负载转矩相等。回路的工作压力由负载转矩决定。若不计管路泄漏及压力损失,该回路输出的转矩为

$$T_M = \Delta p V_M / 2\pi \qquad (6-3)$$

式中,Δp 为马达进、出油口的油压力差;V_M 为马达的排量。

从式(6-3)可以看出,该回路输出的转矩不受变量泵排量 V_B 的影响,与调速无关,

在高速和低速时回路输出的最大转矩相同，并且是恒定值，故称这个回路为恒转矩调速回路。

由于马达输出的转速为

$$n_M = n_B V_B / V_M \qquad (6-4)$$

式中，n_B 为液压泵的转速；V_B 为液压泵的排量；V_M 为马达的排量。

因此，马达的转速 n_M 与变量泵的排量 V_B 是成正比的。

马达的输出功率为

$$P_M = T_M 2\pi n_M = T_M 2\pi n_B V_B / V_M \qquad (6-5)$$

式(6-5)表明输出功率 P_M 与变量泵的排量 V_B 成正比 。变量泵　定量马达容积调速回路的特性曲线如图6-14(c)所示。

2. 定量泵—变量马达容积调速回路

定量泵—变量马达容积调速回路的组成如图6-15(a)所示。马达的转速通过改变它自身的排量 V_M 进行调节。若不计管路泄漏及压力损失，马达的转速为 $n_M = q_B / V_M$，因为液压泵的流量 q_B 为定值，所以改变变量马达3的排量 V_M 就可以改变马达的转速实现无级调速。由式(6-4)可以看出，马达的转速 n_M 与马达的排量 V_M 成反比。

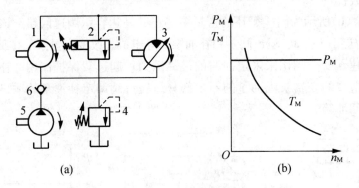

图6-15　定量泵—变量马达容积调速回路

1—定量泵；2—安全阀；3—变量马达；4—溢流阀；5—补油泵；6—单向阀

由于马达的输出转矩为

$$T_M = \Delta p V_M / 2\pi \qquad (6-6)$$

式中，Δp 为进、出油口的压力差。

式(6-6)表明马达的输出转矩 T_M 与变量马达的排量 V_M 成正比。

马达的输出功率为

$$P_M = T_M 2\pi n_M = \Delta p n_B V_B = \Delta p q_B \qquad (6-7)$$

式中，V_B 为液压泵的排量。

而 Δp 不随调速而变化，液压泵的流量 q_B 也为常数，故该回路为恒功率调节。调速特性曲线如图6-15(b)所示。

3. 变量泵—变量马达容积调速回路

如图6-16(a)所示为采用双向变量泵和双向变量马达的容积调速回路。变量泵1正向或反向供油，马达即正向或反向旋转。补油泵 5 通过单向阀 6 和 7 向系统双向补油，安全阀 4 通过单向阀 8 和 9 在两个方向对系统起过载保护作用。这种调速回路是变量泵—定量马达和定量泵—变量马达调速回路的组合，由于液压泵和液压马达的排量均可调整，故扩大了调速范围。

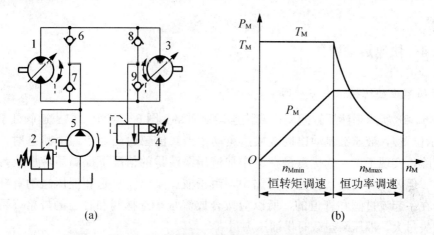

图 6-16　变量泵—变量马达容积调速回路

1—双向变量泵；2—溢流阀；3—双向变量马达；4—安全阀；5—补油泵；6、7、8、9—单向阀

调速时液压泵和液压马达排量分段调节，在低速段，先将马达排量调至最大，用变量泵调速，相当于变量泵—定量马达回路，系统处于恒转矩状态(恒转矩调节)，同时因马达排量最大，马达能获得最大输出转矩；在高速段，液压泵达到最大排量，用变量马达调速，相当于定量泵—变量马达回路；马达处于恒功率状态(恒功率调节)。调速特性曲线如图 6-16(b)所示。

6.3.3　容积节流调速回路

容积节流调速回路是采用压力补偿型变量泵和节流阀(调速阀)相配合进行调速的。如图 6-17 所示为限压式变量叶片泵和调速阀组成的容积节流调速回路，通过调整调速阀

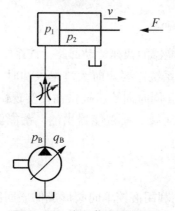

图 6-17　容积节流调速回路

的开口大小，来改变流入液压缸的流量，从而调节液压缸的速度，而液压泵输出的流量自动地与液压缸所需流量相适应。调速阀装在进油路和回油路上均可。这种回路虽然有节流损失，但没有溢流损失，效率较高。容积节流调速回路的效率虽然没有单纯的容积调速回路高，但它的速度负载特性好，在低速、稳定性要求高的机床进给系统中得到了普遍应用。

6.3.4 快速运动回路

1. 液压缸差动连接快速运动回路

如图 6-18 所示为液压缸差动连接快速运动回路。图 6-18 中二位三通阀处于失电状态时（图示位置），液压缸差动连接做快速运动；当二位三通阀处于通电状态时，差动连接即被切除，实现工进。其优点是在不增加液压泵流量的情况下提高了液压执行元件的运动速度。但要注意的是，在差动回路中，由于液压泵的流量是和液压缸的有杆腔排出的流量合在一起流过阀和管道的，所以应按合成流量来选择阀和管道的规格，否则会导致压力损失过大，液压泵空载时供油压力过高。

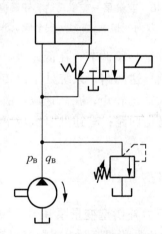

图 6-18 液压缸差动连接快速运动回路

2. 采用蓄能器的快速运动回路

如图 6-19 所示为采用蓄能器的快速运动回路。该系统采用蓄能器的目的是用流量较小的液压泵实现快速运动。当系统需要短时大流量供油时，换向阀 5 处于左端或右端位置，此时由液压泵 1 和蓄能器 4 同时向液压缸供油，实现快速运动；当系统停止工作时，换向阀处于中位，液压泵经单向阀 3 向蓄能器供油，蓄能器压力升高后控制卸荷阀 2 打开，液压泵卸荷。

3. 双泵供油快速运动回路

图 6-7 所示，在前述中它利用液控单向阀形成保压回路，但同时，由于采用双泵供油，又具备了快速运动回路的功能，其中 1 为大流量泵，用于实现快速运动；2 为小流量泵，用于实现工进。快速运动时，大流量泵 1 输出的油液经单向阀和小流量泵 2 输出的流

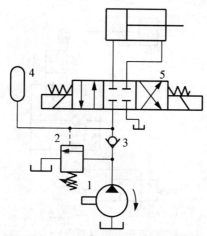

图 6-19 采用蓄能器的快速运动回路

1—液压泵；2—卸荷阀；3—单向阀；4—蓄能器；5—换向阀

量一起向系统供油；工作行程时，系统压力升高，打开卸荷阀 4 使大流量泵 1 卸荷，只由小流量泵向系统供油，此时系统压力由溢流阀 3 调定，单向阀在系统压力作用下关闭。

为了确保卸荷阀 4 先于溢流阀 3 开启，卸载阀 4 的调定压力至少应比溢流阀 3 的调定压力低 10%～20%。由于大流量泵卸载减少了动力消耗，因此功率损耗小，回路效率较高，常用于执行元件快进和工进速度相差较大的场合。

6.3.5 速度换接回路

速度换接回路主要用于切换执行元件的运动速度。要求换接过程平稳，换接精度高。按切换前后执行元件的运动速度不同，有快速—慢速、慢速—慢速的换接方式。

1. 快速—慢速的换接回路

如图 6-20 所示为用行程阀来控制的快速—慢速换接回路。在各阀处于图 6-20 所示位置时，液压泵油液进入液压缸左腔，右腔油液经过行程阀 6 回油箱，液压缸活塞快速伸出（快进），当活塞杆所连接的挡块压下行程阀 6 时，行程阀关闭，液压缸右腔油液必须经节流阀 4 流回油箱，活塞运动速度转变为慢速工进。当电磁换向阀 2 通电后，液压油经单向阀 5 进入液压缸右腔，左腔油液回油箱，活塞快退。此种速度换接回路，由于行程阀的通路是由液压缸活塞的行程控制的，且行程阀阀芯是随活塞移动逐渐关闭的，所以切换位置精度高，换接过程较平稳，多用于机床液压系统。其缺点是行程阀的安装位置要准确，管路连接较复杂。行程阀也可以用电磁阀来代替，这样行程阀的安装位置不受限制，但切换精度及速度平稳性都较差。

2. 两种工进速度的换接回路

1) 调速阀并联速度换接回路

对于某些数控机床、注塑机等需要在自动工作循环中变换两种以上的工进速度，此时就需要两种（或多种）进给速度的换接回路。

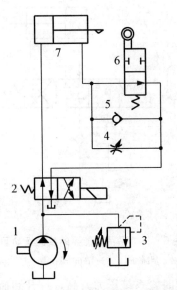

图 6-20 用行程阀来控制的快速—慢速换接回路
1—液压泵；2—电磁换向阀；3—溢流阀；4—节流阀；
5—单向阀；6—二位二通行程阀；7—液压缸

如图 6-21(a)所示为用两个调速阀并联来实现两种进给速度的换接回路。在该换接回路中，两调速阀 2、3 由二位三通换向阀 4 换接，它们各自独立调节流量，互不影响，当调速阀 2 工作时，调速阀 3 没有油液通过。在速度换接过程中，由于原来没工作的调速阀中的减压阀处于开口最大位置，在速度换接开始的瞬间不能起减压作用，大量油液流过该调速阀，使执行元件突然前冲，因此该回路不适合在工作过程中进行速度换接，一般用于速度预选的场合。

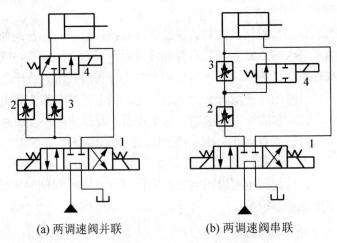

(a) 两调速阀并联   (b) 两调速阀串联

图 6-21 用两个调速阀的速度换接回路
1—三位四通电磁换向阀；2、3—调速阀；4—换向阀

2）调速阀串联速度换接回路

图 6-21(b)所示为用两调速阀串联的方法来实现两种不同速度的换接回路。在该换

接回路中，两调速阀 2、3 由二位三通换向阀 4 换接，但后接入的调速阀 3 的开口要小于调速阀 2 的开口，即第二进给速度小于第一进给速度，该回路的速度换接平稳性比调速阀并联的速度换接回路好。但由于油液经过两个调速阀，所以能量损失较大。

任务 6.4　多缸动作回路

- 能阐述各多缸动作回路的工作原理。
- 熟悉各种多缸动作回路的组成特点及应用。

当液压系统由一个油源供给多个液压执行元件油液时，为避免液压执行元件间因油液压力和流量的相互影响而导致动作上的相互牵制，必须采用某些特殊的回路来实现预定动作。

6.4.1　顺序动作回路

在多缸液压系统中，往往要求几个液压执行元件严格地按照预定的顺序动作，如数控机床刀架的纵横向运动，夹紧机构的定位和夹紧等。顺序动作回路按其控制方式不同，可分为行程控制、压力控制和时间控制三类，其中前两类应用较多。

1. 行程控制的顺序动作回路

行程控制是利用执行元件运动到一定位置时，发出控制信号，使下一个执行元件开始运动。

如图 6-22 所示为行程换向阀控制的顺序动作回路，在该回路中，电磁换向阀和行程换向阀处于图 6-22 所示状态时，液压缸 A 和液压缸 B 的活塞都处于左端位置（即原位）。当电磁换向阀 1 通电后，液压缸 A 的活塞按箭头①的方向向右运动。当液压缸 A 运行到预定的位置时，挡块压下行程换向阀 2，使其上位接入系统，则液压缸 B 的活塞按箭头②的方向向右运动。当电磁换向阀 1 断电后，液压缸 A 的活塞按箭头③的方向向左退回。当挡块离开行程换向阀 2 后，行程阀复位，液压缸 B 按箭头④的方向向左退回原位。

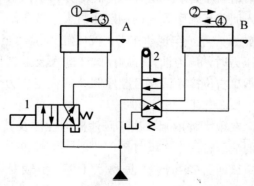

图 6-22　行程换向阀控制的顺序动作回路

1—电磁换向阀；2—行程换向阀

该回路中的运动顺序①与②和③与④之间的转换，是依靠机械挡块、推压行程换向阀的阀芯，使其位置变换实现的，因此，动作可靠。但是，行程换向阀必须安装在液压缸附近，而且改变运动顺序较困难。

如图 6-23 所示为用行程开关和电磁换向阀控制的顺序动作回路，在该回路中，电磁换向阀 1 通电后，液压缸 A 的活塞按箭头①的方向向右运动。当它右行到预定位置时，挡块压下行程开关 2S，发出信号使电磁换向阀 2 通电，则液压缸 B 的活塞按箭头②的方向向右运动。当它运行到预定位置时，挡块压下行程开关 4S，发出信号使电磁换向阀 1 断电，则液压缸 A 的活塞按箭头③的方向向左退回。当它左行到原位时，挡块压下行程开关 1S，使电磁换向阀 2 断电，则液压缸 B 的活塞按箭头④的方向向左退回。当它左行到原位时，挡块压下行程开关 3S，发出信号表明工作循环结束。

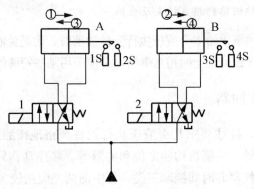

图 6-23 用行程开关和电磁换向阀控制的顺序动作回路

1、2—电磁换向阀

这种用电信号控制转换的顺序运动回路，使用调整方便，便于更改动作顺序，因此，应用较广泛。回路工作的可靠性取决于电气元器件的质量。目前可采用 PLC(可编程序控制器)利用编程来改变行程控制，这是一个发展趋势。

2. 压力控制的顺序动作回路

压力控制的顺序动作回路是利用液压系统工作过程中的压力变化，使执行元件按顺序先后动作。

如图 6-24 所示为采用顺序阀来实现两个液压缸顺序动作的回路，在该回路中，当三位四通换向阀 1 左位接入回路且顺序阀 3 的调定压力大于液压缸 A 的最大前进工作压力时，压力油先进入液压缸 A 左腔，实现动作①；液压缸 A 运动至终点后压力上升，当压力达到顺序阀 3 的开启压力时，压力油打开顺序阀 3 进入液压缸 B 的左腔，实现动作②；同理，当三位四通换向阀 1 右位接入回路且顺序阀 2 的调定压力大于液压缸 B 的最大返回工作压力时，两液压缸按③和④的顺序返回。

这种回路的可靠性，在很大程度上取决于顺序阀的性能及其压力调定值，顺序阀的压力调定值应比先动作的液压缸的工作压力高 $8×10^5 \sim 10×10^5$ Pa，以避免在系统压力出现波动时，造成误动作。该回路多用于液压缸数目不多，负载变化不大，动作要求灵敏，但位置精度和可靠性要求不高的场合。

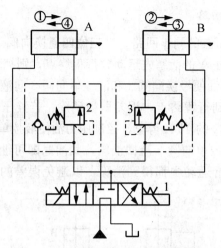

图 6-24 顺序阀控制的顺序动作回路

1—三位四通换向阀；2、3—顺序阀

6.4.2 同步回路

能保证液压系统中两个或多个液压执行元件在运动中以相同的位移或相同的速度运动的回路称为同步回路，前者为位置同步，后者为速度同步。在单泵多缸的液压系统中，液压缸的有效工作面积可能相同，但运动时，各缸存在着所克服的负载、摩擦阻力、泄漏、制造质量和结构变形上的差异，不能使各缸同步动作。同步回路的作用就是通过克服这些影响，使它们做到同步的。

1. 采用调速阀的同步回路

如图 6-25 所示为采用调速阀的同步回路。在并联的两个液压缸的进（或回）油路上分别串联一个调速阀，用以调节进入（或流出）液压缸的流量，从而使两液压缸在同一运动方向上实现同步。该回路结构简单，但调速阀的调节比较麻烦，同时调速阀的流量还会受到油温和泄漏的影响，故同步精度不高，不宜在两缸载荷不均匀或负载变化频繁的场合使用。

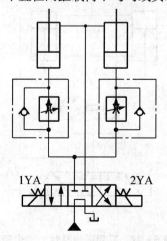

图 6-25 采用调速阀的同步回路

2. 串联液压缸的同步回路

如图 6-26 为串联液压缸的同步回路。当三位四通换向阀 1 的 1YA 通电时，两液压缸活塞同时下行，若液压缸 A 的活塞先运动到行程终点，则挡块触动行程开关 1S，使换向阀 2 的 3YA 得电，压力油便经换向阀 2 和液控单向阀 3 向液压缸 B 的上腔补油，推动缸液压 B 的活塞继续运动到行程终点，误差即被消除；若液压缸 B 先到行程终点，则触动行程开关 2S，使换向阀 2 的 4YA 得电，控制压力油使液控单向阀 3 反向通道打开，使液压缸 A 下腔油液通过液控单向阀 3 流回油箱，其活塞即可继续运动到行程终点。此回路可使同步误差在每次下行运动中都得到消除，以避免误差的积累。该同步回路适用于负载较小的液压系统。

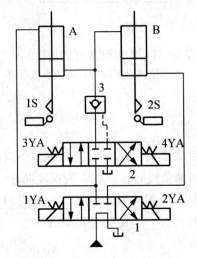

图 6-26 串联液压缸的同步回路
1—三位四通换向阀；2—换向阀；3—单向阀

3. 采用同步马达的同步回路

如图 6-27 所示为采用同步马达的同步回路。该回路采用相同结构、排量的两个液压

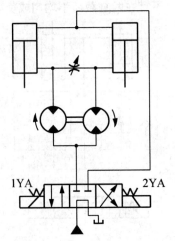

图 6-27 采用同步马达的同步回路

马达作为等流量分流装置的同步回路。两马达轴刚性连接,将相等流量的油液分别输入尺寸相同的两液压缸中,从而使两液压缸实现同步运动。图6-27中的节流阀用于修正同步误差。这种同步回路的同步精度取决于液压马达和液压缸的加工精度和密封性,以及两液压缸上的负载是否相同。由于此回路中所用马达一般为容积效率较高的柱塞式液压马达,所以成本较高。

拓展知识

一、多缸互不干扰回路

多缸互不干扰回路可使系统中几个液压执行元件在完成各自工作循环时彼此互不影响。如图6-28所示为双泵供油的快速—慢速互不干扰回路。在图6-28所示状态下各缸原位停止。当电磁阀7、电磁阀8通电时,液压缸A、B均由大流量泵2供油做差动快进。此时,若某一液压缸,如液压缸A先完成快进动作,通过挡块和行程开关使阀5通电,电磁阀7断电,大流量泵2进入液压缸A的右路被切断,改为由小流量泵1经调速阀3节流后向液压缸A供油,使液压缸A获得慢速工进,不受液压缸B快进的影响。当两液压缸都转为工进,均由小流量泵1供油后,若液压缸A先完成了工进,挡块和行程开关使电磁阀5、电磁阀7通电,液压缸A改由大流量泵2供油,活塞快速返回,此时液压缸B仍有小流量泵1供油继续工进,不受液压缸A的影响。当所有换向阀都断电时,两缸才停止运动,并被锁在所在位置上。由于该回路快、慢速运动是由大、小液压泵分别供油的,而且两个液压泵的输出油路分别由二位五通换向阀隔离,所以互不相混。这样,就实现了各液压缸运动的互不干扰,使各液压缸均可单独实现快进→工进→快退的工作循环。

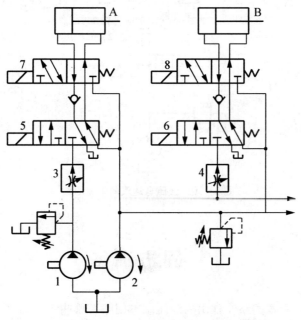

图6-28 双泵供油的快速—慢速互不干扰回路
1、2—液压泵;3、4—调速阀;5、6、7、8—二位五通电磁阀

二、液压马达限速回路

如图 6-29 所示为液压马达单向限速回路。在该回路中，换向阀切换到左位时，液压油先打开液控顺序阀，然后使液压马达旋转。在液压马达旋转过程中，如果由于外负载致使液压马达超速旋转，则液压马达进油口压力下降，液控单向阀关闭，这样就限制了液压马达的转速。如图 6-30 所示为液压马达双向限速回路。其工作过程与液压马达单向限速回路相同，这里不再赘述。其适用于液压马达正反向都需要限速的场合。

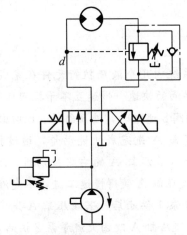

图 6-29　液压马达单向限速回路

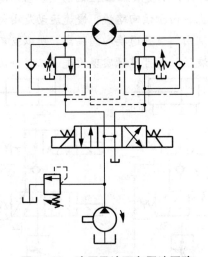

图 6-30　液压马达双向限速回路

 同 步 训 练

6-1　何谓液压基本回路？常用的液压基本回路有哪些？

6-2　何谓压力控制回路？常用的压力控制回路有哪些？

6-3　减压回路的功用是什么？举例说明其工作原理。

6-4　如何调节执行元件的运动速度？常用的调速方法有哪些？

6-5　何谓容积调速回路？容积调速回路与节流调速回路相比较，有何优缺点？

6-6　液压系统中为什么要设卸荷回路？试举出几种常用的卸荷回路。

6-7　何谓顺序动作回路？举例说明，如果一个液压系统要同时控制几个执行元件按规定的顺序动作，应采用何种液压回路？

6-8　举例说明，如何用大流量泵和小流量泵并联实现执行元件的快速运动？

6-9　何谓差动连接回路？差动连接回路怎样实现执行元件的快速运动？

6-10　速度换接回路用于何种场合？其性能上应满足哪些要求？

6-11　何谓同步回路？两缸串联的同步回路有何特点？

6-12　在如图6-31所示回路中，溢流阀的调整压力为5.0MPa，减压阀的调整压力为2.5MPa。试分析下列三种情况下 A、B、C 点的压力值。

(1) 当泵的压力等于溢流阀的调定压力时，夹紧缸使工件夹紧后。

(2) 当泵的压力由于工作缸快进，压力降到1.5MPa时。

(3) 夹紧缸在夹紧工件前做空载运动时。

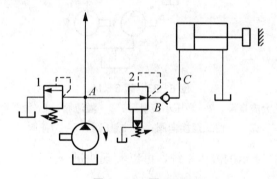

图6-31　题6-12

1—溢流阀；2—减压阀

6-13　如图6-32所示液压缸的有效工作面积 $A_1 = A_3 = 100\text{cm}^2$，$A_2 = A_4 = 50\text{cm}^2$，当最大负载 $F_1 = 14 \times 10^3\text{N}$，$F_2 = 4250\text{N}$，背压 $p = 1.5 \times 10^5\text{Pa}$，节流阀2的压差 $\Delta p = 2 \times 10^5\text{Pa}$ 时，试确定：A、B、C 各点的压力(忽略管路损失)各是多少？

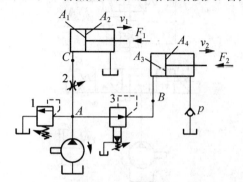

图6-32　题6-13

1—溢流阀；2—节流阀；3—减压阀

6-14 如图 6-33 所示的液压系统中，A 缸为夹紧缸，$A_1 = 50 \text{cm}^2$，要求夹紧力 $F = 5000\text{N}$，B 缸为工作台液压缸，其 $A_3 = 50 \text{cm}^2$，$A_4 = 25 \text{cm}^2$，快进时速度 $v_1 = 5\text{m/min}$，负载 $F_1 = 8000\text{N}$（此时背压为 0Pa），工进时速度 $v_2 = 0.6\text{m/min}$，负载 $F_2 = 20 \times 10^3 \text{N}$，此时背压为 $10 \times 10^5 \text{Pa}$（管路损失及元件损失不计），试求：（1）减压阀、溢流阀、液控顺序阀的调整压力；（2）两个液压泵的流量（不计泄漏）。

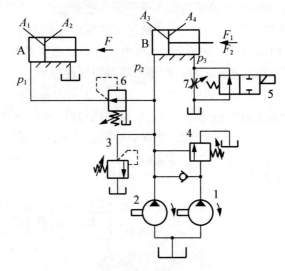

图 6-33 题 6-14

1—低压大流量泵；2—高压小流量泵；3—溢流阀；4—液控顺序阀；

5—二位二通换向阀；6—减压阀；7—节流阀

6-15 如图 6-34 所示的液压系统，可以实现快进→工进→快退→停止的工作循环要求。试：

（1）说出图 6-34 中标有序号的液压元件的名称。

（2）填写电磁铁动作顺序表（通电"＋"，失电"－"），见表 6-1。

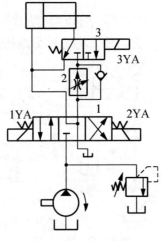

图 6-34 题 6-15

表 6-1　题 6-15 电磁铁动作顺序表

动作　　　　　　电磁铁	1YA	2YA	3YA
快进			
工进			
快退			
停止			

6-16　如图 6-35 所示系统可实现快进→工进→快退→停止(卸荷)的工作循环。试:

(1) 指出液压元件 1~4 的名称。

(2) 填写电磁铁动作顺序表(通电"+",失电"-"),见表 6-2。

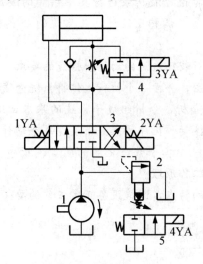

图 6-35　题 6-16

表 6-2　题 6-16 电磁铁动作顺序表

动作　　　　　　电磁铁	1YA	2YA	3YA	4YA
快进				
工进				
快退				
停止				

项目 **7**

分析液压传动系统典型实例

　　液压系统是根据机械设备的工作要求，选用适当的液压执行元件及液压基本回路，将它们有机地结合起来后，再选择液压泵进行集中供油的液压传动部分。分析和读懂液压系统是今后正确使用、维护、调整及设计液压系统的必要基础。分析和阅读较复杂液压系统可按以下方法进行：

　　(1) 了解设备的功用及对液压系统的动作和性能的要求。

　　(2) 初步分析液压系统图，并按每个执行元件将系统分成若干个子系统。

　　(3) 对每个子系统进行分析，分析组成子系统的基本回路及各液压元件的作用、规格、性能及相互关系等，并按动作循序要求分析实现每个动作的进、回油路线。

　　(4) 按照设备对液压系统中各子系统之间的同步、顺序、互锁、防干扰等要求分析其相互关系，读懂液压系统工作原理。

　　(5) 归纳总结液压系统的特点，掌握设备正常工作的要领，加深对系统的理解。

任务 7.1 组合机床的动力滑台液压系统

- 分析组成动力滑台液压系统的基本回路。
- 读懂动力滑台液压系统的工作原理。
- 归纳动力滑台液压系统的特点。

组合机床的液压动力滑台是组合机床上用来实现进给运动的通用部件,其运动是靠液压缸驱动的。在动力滑台台面上装有动力箱、多轴箱及各种专用切削头等动力部件,可以完成钻、扩、绞、铣、镗、刮端面和攻螺纹等加工工序,并能完成多种复杂的进给工作循环。

液压动力滑台对液压系统性能的要求是速度换接平稳,进给速度稳定,功率利用合理,效率高,发热少等。

液压动力滑台是系列化产品,不同规格的滑台其液压系统的组成及工作原理基本相同。现以图 7-1 所示 YT4543 型动力滑台的液压系统为例,分析其工作原理及特点。该

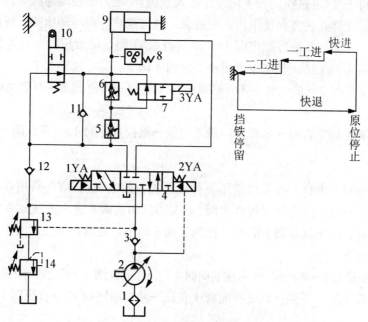

图 7-1 YT4543 型动力滑台的液压系统原理

1—滤油器;2—变量泵;3、11、12—单向阀;4—三位五通电磁换向阀;

5、6—调速阀;7—二位二通电磁换向阀;8—压力继电器;9—液压缸;10—行程阀;

13—液控顺序阀;14—背压阀

系统采用限压式变量泵供油，用电液换向阀换向，用行程阀实现快进与工进的转换，快进由液压缸差动连接来实现，用串联调速阀实现两个工进速度之间的转换。为了保证进给的尺寸精度，采用止挡块停留来限位。其工作循环如下：快进→一工进→二工进→挡铁停留→快退→原位停止。滑台技术参数如下：工作压力 4～5 MPa；最大进给力 4.5×10^4 N；进给速度 6.6～600 mm/min。

7.1.1 YT4543 型动力滑台液压系统的工作原理

1. 快进

快进时系统压力低，液控顺序阀 13 关闭，变量泵 2 的输出流量最大。按下起动按钮，使电磁铁 1YA 得电，电磁换向阀 4 左位接入系统，其主油路如下：

进油路：变量泵 2→单向阀 3→电磁换向阀 4 左位→行程阀 10 下位→液压缸 9 左腔。

回油路：液压缸 9 右腔→电磁换向阀 4 左位→单向阀 12→行程阀 10 下位→液压缸 9 左腔。

此时，由于液压缸 9 左右腔连通，形成差动连接，所以滑台向左快进。

2. 一工进

当快进到指定位置时，滑台上的行程挡铁压下行程阀 10，切断了快速运动的进油路，其控制油路保持不变（电磁换向阀 4 仍左位接入系统），压力油经调速阀 5 进入系统，而使系统压力升高。这样，一方面使限压式变量泵 2 的流量减少到与调速阀 5 所允许通过的流量相一致；另一方面打开液控顺序阀 13，单向阀 12 关闭，使液压缸差动连接断开，这样滑台的运动转换为一工进，其速度大小由调速阀 5 调节。其主油路如下：

进油路：变量泵 2→单向阀 3→电磁换向阀 4 左位→调速阀 5→电磁换向阀 7 左位→液压缸 9 左腔。

回油路：液压缸 9 右腔→电磁换向阀 4 左位→液控顺序阀 13→背压阀 14→油箱。

3. 二进给

一工进到位时，滑台上行程挡铁压下行程开关，使电磁铁 3YA 得电，电磁换向阀 7 右位接入系统。此时，压力油通过调速阀 5，又通过调速阀 6 进入液压缸 9 左腔。回油路与一工进时相同。由于调速阀 6 的开口比调速阀 5 的小，故滑台的速度大小由调速阀 6 决定。其主油路如下：

进油路：变量泵 2→单向阀 3→电磁换向阀 4 左位→调速阀 5→调速阀 6→液压缸 9 左腔。

回油路：液压缸 9 右腔→电磁换向阀 4 左位→液控顺序阀 13→背压阀 14→油箱。

4. 挡铁停留

当二工进完成后，滑台碰上挡铁而停止运动时，液压缸 9 左腔压力升高，当压力升高到压力继电器 8 调定值时，压力继电器 8 发出信号给时间继电器，停留时间由时间继电器调定。滑台在挡铁停留时，液压泵供油压力升高，流量减少，其输出流量为液压泵和系统的泄漏量。

5. 快退

滑台停留时间结束后，时间继电器发出信号，使电磁铁 1YA 断电，2YA 通电，电磁换向阀 4 右位接入系统。因滑台快退时负载小，系统压力低，变量泵自动恢复到最大流量，滑台快速退回。其主油路如下：

进油路：变量泵 2→电磁换向阀 4 右位→液压缸 9 右腔。

回油路：液压缸 9 左腔→单向阀 11→电磁换向阀 4 左位→油箱。

6. 原位停止

滑台快速退回到原位，挡铁压下原位行程开关，使电磁铁 1YA、2YA 和 3YA 全部断电，电磁换向阀 4 处于中位，滑台停止运动。此时液压泵 9 输出的液压油经单向阀 3 和电磁换向阀 4 中位流回油箱。单向阀 3 的作用是使滑台在原位停止时，控制油路仍保持较低的控制压力，以便下一次起动时能使电磁换向阀 4 动作。

电磁铁和行程阀的工作顺序见表 7-1。

表 7-1 电磁铁和行程阀的工作顺序

液压缸工作循环	电磁铁			行程阀
	1YA	2YA	3YA	
快进	+	−	−	−
一工进	+	−	−	+
二工进	+	−	+	+
挡铁停留	+	−	−	+
快退	−	+	−	±
原位停止	−	−	−	−

注："+"表示电磁铁通电或行程阀压下；"−"表示电磁铁断电或行程阀复位。

7.1.2 YT4543 型动力滑台液压系统的特点

（1）采用限压式变量泵、调速阀及背压阀组成的容积节流调速回路，能保证稳定的低速运动，进给速度最小可达 6.6mm/min，具有较好的速度刚性和较大的调速范围。

（2）采用限压式变量泵的差动连接实现快进，简单可靠，能源利用比较合理。

（3）滑台停止运动时，换向阀使液压泵在低压下卸荷，减少能量损耗。

（4）采用行程阀和顺序阀实现快进与工进的换接，回路简单，动作可靠，换接精度高于电气控制，采用两个调速阀的串联及行程开关控制的电磁换向阀实现二工进速度的换接。由于二工进速度都较低，用电磁换向阀完全能保证换接精度。

（5）采用压力继电器发送信号控制滑台反向退回，方便可靠。挡铁的使用还可提高滑台工进结束时的位置精度。

任务7.2　数控车床液压系统

- 分析数控车床液压系统的基本回路。
- 读懂数控车床液压系统的工作原理。
- 归纳数控车床液压系统的特点。

目前，数控车床大多采用液压传动技术来实现如卡盘的夹紧与松开、刀架的夹紧与松开、刀架的正转与反转、尾座套筒的伸出与缩回等动作。液压系统中各电磁阀电磁铁的动作由数控系统中的 PC 控制实现。

现以 MJ-50 型数控车床的液压系统为例进行介绍。如图 7-2 所示为 MJ-50 型数控车床液压系统原理。该液压系统采用单向变量液压泵供油，系统压力调至 4MPa，由压力表 14 显示。泵输出的压力油经单向阀进入控制油路。

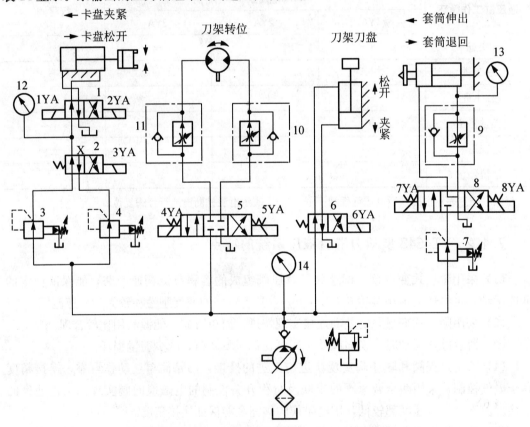

图 7-2　MJ-50 型数控车床液压系统原理

1、2、6—二位四通电磁换向阀；3、4、7—减压阀；

5、8—三位四通电磁换向阀；9、10、11—单向调速阀；12、13、14—压力表

7.2.1 MJ‒50型数控车床液压系统的工作原理

1. 卡盘的夹紧与松开

卡盘的夹紧与松开由二位四通电磁换向阀1控制，卡盘的高压夹紧与低压夹紧的转换由二位四通电磁换向阀2控制。当卡盘处于高压夹紧状态，卡盘正卡（也称外卡）时，1YA通电，3YA断电，夹紧力的大小由减压阀3来调定，卡盘压力由压力表12显示。其油路如下：

进油路：系统压力油→减压阀3→电磁换向阀2左位→电磁换向阀1左位→液压缸右腔（卡盘夹紧）。

回油路：缸左腔→电磁换向阀1左位→油箱。

当2YA通电、1YA断电时，卡盘松开。其油路如下：

进油路：系统压力油→减压阀3→电磁换向阀2左位→电磁换向阀1右位→液压缸左腔（卡盘松开）。

回油路：液压缸右腔→电磁换向阀1右位→油箱。

当卡盘处于低压夹紧状态，卡盘正卡时，夹紧力大小由减压阀4调定。此时，1YA、3YA通电。其油路如下：

进油路：系统压力油→减压阀4→电磁换向阀2右位→电磁换向阀1左位→液压缸右腔（卡盘夹紧）。

回油路：液压缸左腔→电磁换向阀1左位→油箱。

当2YA、3YA通电时，卡盘松开。其油路如下：

进油路：系统压力油→减压阀4→电磁换向阀2右位→电磁换向阀1右位→液压缸左腔（卡盘松开）。

回油路：液压缸右腔→电磁换向阀1右位→油箱。

2. 刀架的回转

若要刀架回转换刀，首先要松开刀架，然后刀架回转到指定位置，最后刀架复位夹紧。刀架的松开与夹紧由二位四通电磁换向阀6控制，刀架的回转方向由三位四通电磁换向阀5控制，调速阀10和调速阀11分别控制其转速大小。当6YA通电时，电磁换向阀6右位工作，刀盘松开，此时若4YA通电，刀架正转。其油路如下：

进油路：系统压力油→电磁换向阀5左位→单向调速阀11→液压马达。

回油路：液压马达→单向调速阀10中单向阀→油箱。

在6YA通电时，电磁换向阀6右位工作，刀盘松开时，若5YA通电，则刀架反转。其油路如下：

进油路：系统压力油→电磁换向阀5右位→单向调速阀10→液压马达。

回油路：液压马达→单向调速阀11中单向阀→油箱。

当6YA断电时，电磁换向阀6左位工作，刀架夹紧。

3. 尾座套筒的伸缩

尾座套筒的伸缩运动由三位四通电磁换向阀8控制。当7YA通电时，套筒伸出。其油路如下：

进油路：系统压力油→减压阀 7→电磁换向阀 8 左位→液压缸左腔。

回油路：液压缸右腔→调速阀 9→油箱。

减压阀 7 用来调整套筒伸出时的预紧力大小，并由压力表 13 显示，伸出速度由调速阀 9 控制。当 8YA 通电时，套筒缩回。其油路如下：

进油路：系统压力油→减压阀 7→电磁换向阀 8 右位→调速阀 9 中的单向阀→液压缸右腔。

回油路：液压缸左腔→电磁换向阀 8 右位→油箱。

电磁阀电磁铁动作顺序见表 7-2。

表 7-2　电磁阀电磁铁动作顺序

动作名称			电磁铁号							
			1YA	2YA	3YA	4YA	5YA	6YA	7YA	8YA
卡盘正卡	高压	夹紧	+	−						
		松开	−	+						
	低压	夹紧	+	−	+					
		松开	−	+	+					
卡盘反卡	高压	夹紧								
		松开	+							
	低压	夹紧	−	+	+					
		松开								
刀盘		松开						+		
		夹紧						−		
刀架		正转				+	−			
		反转				−	+			
尾座		套筒伸出							+	−
		套筒缩回							−	+

注："+"表示电磁铁通电；"−"表示电磁铁断电。

7.2.2　MJ-50 型数控车床液压系统的特点

（1）采用单向变量液压泵为系统供油，能量损失较小。

（2）卡盘的高压夹紧与低压夹紧的转换由电磁换向阀控制，并可根据工作要求调节高低压夹紧力的大小，操作简单可靠。

（3）采用液压马达控制刀架的转位，既可实现刀架的正、反转，又能进行无级调速。

（4）尾座套筒的伸出与缩回由电磁换向阀控制。为适应不同工件的预紧需要，尾座套筒伸出工作时的预紧力大小由减压阀控制。

（5）系统中采用三块压力表分别显示各对应点压力，便于观测、调试及故障诊断。

任务 7.3　机械手液压系统

- 分析组成机械手液压系统的基本回路。
- 读懂机械手液压系统的工作原理。
- 归纳机械手液压系统的特点。

　　机械手液压系统是一种多缸多动作的典型液压系统。机械手是模仿人手的动作，按规定程序、轨迹及要求实现自动抓取、搬运和操作的机械装置。在恶劣的高温、高压、易燃、易爆、放射性等环境下，以及笨重、单调和不断重复的操作中，用机械手代替人的工作，具有非常重要的意义。

　　如图 7-3 所示为自动卸料机械手液压系统原理。系统由单向定量液压泵供油，用溢

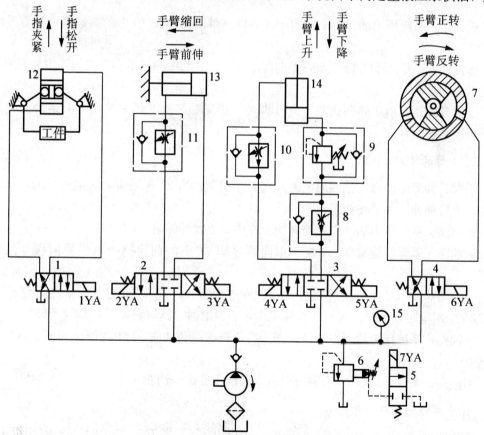

图 7-3　自动卸料机械手液压系统原理

1、4—二位四通电磁换向阀；2、3—三位四通电磁换向阀；5—二位二通电磁换向阀；

6—溢流阀；7—单叶片摆动油缸；8、10、11—单向调速阀；9—单向顺序阀；

12—夹紧缸；13—伸缩缸；14—升降缸；15—压力表

流阀6调节系统压力，压力值可由压力表15显示。由行程开关发出信号给各相应的电磁换向阀，控制机械手的动作。其动作循环如下：手臂上升→手臂前伸→手指夹紧(抓料)→手臂回转→手臂下降→手指松开(卸料)→手臂缩回→手臂反转(复位)→原位停止。

7.3.1 自动卸料机械手液压系统的工作原理

1. 手臂的升降

三位四通电磁换向阀3控制手臂的上升及下降运动。当4YA通电时，电磁换向阀3左位工作，手臂上升。其油路如下：

进油路：系统压力油→电磁换向阀3左位→单向调速阀8中的调速阀→单向顺序阀9中的单向阀→手臂升降缸14下腔。

回油路：手臂升降缸14上腔→单向调速阀10中的调速阀→电磁换向阀3左位→油箱。

反之，当5YA通电、4YA断电时，电磁换向阀3右位工作，此时手臂下降。其油路如下：

进油路：系统压力油→电磁换向阀3右位→单向调速阀10中的调速阀→手臂升降缸14上腔。

回油路：手臂升降缸14下腔→单向顺序阀9中的顺序阀→单向调速阀8中的调速阀→电磁换向阀3右位→油箱。

手臂升降速度由单向调速阀8、10调节，单向顺序阀9用来平衡垂直运动部件的自重，运动平稳性好。

2. 手臂的伸缩

手臂的伸缩运动由三位四通电磁换向阀2控制。当2YA通电时，电磁换向阀2左位工作，手臂前伸。其油路如下：

进油路：系统压力油→电磁换向阀2左位→手臂伸缩缸13右腔。

回油路：手臂伸缩缸13左腔→单向调速阀11中的调速阀→电磁换向阀2左位→油箱。

其伸出速度由单向调速阀11中的调速阀进行调节，速度平稳性好。反之，当3YA通电、2YA断电时，电磁换向阀2右位工作，手臂缩回。其油路如下：

进油路：系统压力油→电磁换向阀2右位→单向调速阀11中的调速阀→手臂伸缩缸13左腔。

回油路：手臂伸缩缸13右腔→电磁换向阀2右位→油箱。

3. 手指的夹紧与松开

手指的夹紧与松开由二位四通电磁换向阀1控制。当1YA断电时，电磁换向阀1左位工作，手指夹紧工件。其油路如下：

进油路：系统压力油→电磁换向阀1左位→夹紧缸12下腔。

回油路：夹紧缸12上腔→电磁换向阀1左位→油箱。

抓料时采用失电夹紧，安全可靠。当 1YA 通电时，电磁换向阀 1 右位工作，手指松开工件。其油路如下：

进油路：系统压力油→电磁换向阀 1 右位→夹紧缸 12 上腔。

回油路：夹紧缸 12 下腔→电磁换向阀 1 右位→油箱。

4. 手臂的回转

手臂的回转由二位四通电磁换向阀 4 控制。当 6YA 通电时，电磁换向阀 4 右位工作，单叶片摆动油缸 7 逆时针方向旋转，手臂亦按逆时针方向旋转，即手臂回转。其油路如下：

进油路：系统压力油→电磁换向阀 4 右位→单叶片摆动油缸 7 右腔。

回油路：单叶片摆动油缸 7 左腔→电磁换向阀 4 右位→油箱。

反之，当 6YA 断电时，电磁换向阀 4 左位工作，单叶片摆动油缸 7 顺时针方向旋转，手臂亦按顺时针方向旋转，即手臂反转复位。其油路如下：

进油路：系统压力油→电磁换向阀 4 左位→单叶片摆动油缸 7 左腔。

回油路：单叶片摆动油缸 7 右腔→换向阀 4 左位→油箱。

5. 原位停止

用电磁换向阀 5 控制溢流阀 6，当电磁换向阀 5 的电磁铁 7YA 通电时，溢流阀 6 使液压系统卸荷，机械手停止动作。

各电磁阀电磁铁动作顺序见表 7-3。

表 7-3　各电磁阀电磁铁动作顺序

动作名称 ＼ 电磁铁	1YA	2YA	3YA	4YA	5YA	6YA	7YA
手臂上升	－	－	－	＋	－	－	－
手臂前伸	－	＋	－	－	－	－	－
手指夹紧	－	－	－	－	－	－	－
手臂回转	－	－	－	－	－	＋	－
手臂下降	－	－	－	－	＋	＋	－
手指松开	＋	－	－	－	－	＋	－
手臂缩回	－	－	＋	－	－	－	－
手臂反转	－	－	－	－	－	－	－
原位停止	－	－	－	－	－	－	＋

注："＋"表示电磁铁通电；"－"表示电磁铁断电。

7.3.2　自动卸料机械手液压系统的特点

（1）采用回油路节流调速，平稳性好。

（2）手臂下降采用平衡回路，防止手臂自动下滑或超速。

（3）夹紧工件时，采用失电夹紧，安全可靠。

（4）原位停止时采用卸荷回路实现，节省功率，效率利用合理。

（5）采用电磁换向阀，操作方便、灵活。

拓展知识

一、液压系统的故障分析

组成液压系统的液压设备是由机械、电器及其仪表等装置有机组成的统一体，因此，对液压系统的故障分析所牵扯的因素较多，分析起来也较复杂，所以在分析之前必须明白液压系统的工作原理、结构特点及各液压设备之间的相互关系，然后对故障进行分析判断，逐渐缩小故障范围，确定故障区域、部位，直至某个部件。

液压系统的故障不像机械故障那样可以直接观察到，进行检测也不如电气系统方便。液压系统的元件动作、油液的流动情况及密封件的损坏等不容易被直接观测到，因此，故障分析就显得较困难。但是实践证明，只要熟悉设备的结构、性能及安装位置，熟悉液压系统的原理，了解设备的维护及使用情况，大多数故障是可以很快排除的。近年来，在液压设备维修中也开始采用状态监测技术，它可在液压系统运行过程中检测出失效根源参数，再由专家分析及排除故障。

1. 液压系统故障类型

1）液压设备调试阶段的故障

在调试中的液压设备由于其在设计、制造、安装等方面的质量问题常常会交织在一起，所以此阶段的故障率是最高的。其主要故障表现如下：在接头和元件的端盖处，外泄严重；执行元件运动速度不稳定；由于压力控制阀的阻尼孔堵塞，导致压力不稳定；液压阀阀芯卡死或运动不灵活，使执行元件动作失灵；因阀类元件漏装密封件或弹簧等机件，造成控制失灵；由于液压系统的设计及液压元件的选用不当，造成系统噪声、振动、发热、执行元件运动精度差等。

2）液压系统运行初期的故障

调试后的液压系统，在进入正常工作运行初期的故障表现如下：在压力的冲击下，管道或液压元件内的切屑、型砂等杂物脱落，使阻尼孔和过滤器阻塞，造成压力和速度的不稳定；由于管接头因振动松脱、密封件的质量问题或装配不当造成的破损而产生泄漏；因散热条件差或负载过大，使油温过高，内外泄漏增加，导致压力和速度发生变化。

3）液压系统运行中期的故障

此阶段故障率最低，是液压系统运行最稳定的阶段，这个阶段重要的是控制油液污染。

4）液压系统运行后期的故障

由于液压元件因工作频率和负荷的差异，易损件过度磨损，故此阶段故障率较高。主要表现为泄漏增加和效率下降。此阶段应对元件进行全面检测，发现失效元件及时维修或更换。加强对液压系统的维护和管理，发现异常情况及时采取有效对策，防止重大故障的发生。

5）突发性故障

突发性故障常发生在液压系统运行初期和后期，是对这两个时期发生故障的认识不足造成的。认为新设备出不了大问题，老设备以前一直都运行很好，因而忽视了监测维护，造成突发性故障。故障发生的区域及产生的原因比较明显，如元件内弹簧突然折断，管道破裂，发生碰撞，控制信号失真，动作错乱，管道被异物阻塞，密封损坏，内外泄漏等故障现象。

突发性故障发生的大多数情况下与液压设备的安装不当、维护不及时有关。个别情况是操作失误导致的。为防止此类故障的发生，应采取增强对液压系统运行初期和后期发生故障的认识，加强液压系统的维护管理，严格执行岗位责任制，加强人员岗位培训等措施。

2. 液压系统故障诊断步骤

尽管液压系统故障的形式很多，但无论是什么样的故障形式，都可以表现为流量、压力和方向的问题。而液压系统故障发生的原因大多是液压元件的故障，因此，系统故障的排除，主要是根据系统流量、压力和方向三方面出现的问题，找出液压系统中产生故障的元件。其故障诊断步骤如下：

(1) 依据液压系统图，检查每个元件，确认其性能和作用。再根据系统在流量、压力和方向三方面出现的问题，初步找出与故障有关的元件。

(2) 列出所有与故障有关的元件清单，逐一分析。这一步要注意仔细耐心，不可遗漏问题元件。

(3) 按以往经验和对元件检查的难易程度，对清单中的元件排序。同时对重点元件和重点元件部位进行标示，安排检测设备。

(4) 初步检查清单中的重点元件。初检中应注意以下问题：

① 元件的使用和安装是否正确。

② 元件的外部信号是否合适，对外部信号是否有响应。

③ 元件的测量装置、仪器及检测方法是否正确。

(5) 如上一步没检查出故障元件，要用仪器反复检查。

(6) 找出故障元件，进行修理更换。

(7) 重新起动液压系统之前的检查。重新起动液压系统之前必须认真审视故障发生的原因和后果，分析此次故障是否对其他元件造成影响，预测其他元件发生故障的可能性。例如，故障是由于铁屑进入液压泵引起的，那么，就要在更换新泵之前对系统进行彻底清洗。

3. 液压系统的故障诊断方法

故障诊断方法一般分为初步诊断和精确诊断两种。

1) 初步诊断

初步诊断是指依靠维修人员利用简单的仪器和经验对液压系统的故障进行的诊断。主要诊断方法有看、听、摸、闻、阅和问六大方法。

(1) 看：维修人员用视觉观察液压系统的工作情况。主要注意观察执行元件运动速度有无变化或异常现象；观察液压系统中各压力表显示的压力值有无波动；观察油液是否清洁和变质，油液的粘度是否符合要求，油量是否适合，油液表面是否有泡沫等；观察液压元件及管道接头处是否有滴漏油现象；观察运动部件有无振动及爬行现象；观察液压设备加工出的产品质量，通过产品质量分析系统压力和流量的稳定性是否符合要求。

液压与气动技术项目教程

（2）听：维修人员用听觉判断液压系统工作是否正常。主要注意听液压泵和液压系统的噪声是否过大，溢流阀、顺序阀等压力控制元件是否有尖叫声；听液压缸和换向阀在换向时是否冲击声过大，是否有液压缸活塞冲击缸底的声音；听液压泵在工作时是否有因损坏引起的敲打声。

（3）摸：用手触摸感知液压系统的工作状态。主要注意触摸泵体、阀体及油箱外壳两秒钟，如果有烫手感，应检查温度过高的原因；触摸运动部件、压力阀及油管，感知其振动情况，若有高频振动，应检查原因；触摸运动部件在轻载低速时是否有爬行现象；触摸行程开关、挡铁及紧固螺钉等，检查其松紧度。

（4）闻：用嗅觉判断油液、橡胶密封件等是否变质，是否发出特殊气味。

（5）阅：查阅液压设备技术档案中有关故障分析和修理记录，查阅日检卡、定检卡、维修保养记录和交接班记录等。

（6）问：与操作者进行沟通，了解设备运行情况。主要了解液压油的更换时间及过滤器的清洗情况；了解液压泵、液压系统有无异常现象；了解故障前液压件、密封件是否更换过；了解故障前压力阀、速度阀是否调节过，有无异常情况；了解故障前后液压系统的不正常现象；了解以往经常出现的故障，以及排除方法。

2）精确诊断

精确诊断是指利用各种检测仪器进行的定量测试分析。初步诊断是对故障的定性分析，可排除一般常见故障，但要想确定液压设备发生故障的根源参数，必须通过定量的专项检测，即精确诊断，对液压设备进行检测分析，为故障确诊提供可靠依据。

通过对上述初步诊断和精确诊断的综合分析及充分研讨，可得出准确、可靠的诊断结论，然后确定排除故障的方案，并组织实施。

二、液压系统常见故障诊断及排除方法

1. 液压系统压力不正常的诊断及排除方法

液压系统压力不正常可导致运动部件不能正常工作，甚至使运动部件处于原位不动，这主要是由于系统压力偏低，甚至压力无法建立，系统压力过高或系统压力不稳定等造成的。其诊断及排除方法见表7-4。

表7-4　液压系统压力不正常的诊断及排除方法

故障现象	故障原因	排除方法
系统无压力	液压泵没有油液进入	更换滤网，清洗阻塞入口；清洗油箱通气孔；加油至规定油位；修理或更换泵
	驱动马达的泵不工作	修理更换
	方向控制装置位置错误	检查控制装置及控制线路
	油液全部从溢流阀溢回油箱	调整溢流阀
	液压泵损坏	修理或更换
	液压泵装配不当	修理或更换
	液压泵的驱动装置扭断	检查驱动装置，更换

续表

故障现象	故障原因	排除方法
系统压力偏低	减压阀调定值太低	调整
	减压阀损坏	修理或更换
	溢流阀的旁通阀损坏	修理或更换
	液压泵、液压马达或液压缸损坏、内泄严重	修理或更换
	集成通道块设计有误	重新设计
系统压力不稳定	油液中混有空气	加油、排气、堵漏
	油液污染，阀的阻尼孔堵塞	更换过滤器、换油、清洗
	溢流阀内部磨损	修理或更换
	蓄能器失效或充气阀损坏	检查漏油情况，修理或更换
	液压泵、液压马达或液压缸损坏	修理或更换
系统压力过高	变量泵的变量机构调节失灵	修理或更换
	减压阀、卸荷阀失调	调整
	溢流阀或卸荷阀、减压阀磨损或损坏	修理或更换

2. 执行元件动作不正常的诊断及排除方法

执行元件动作不正常是指执行元件的运动速度不能满足负载运动速度的要求。运动不正常不仅仅是流量引起的，还有很多因素都可能导致运动不正常的现象，因此要综合分析。其诊断及排除方法见表 7-5。

表 7-5　执行元件动作不正常的诊断及排除方法

故障现象	故障原因	排除方法
执行元件无动作	机械故障	检查、排除
	控制装置没有指令信号	查找、修复
	电磁阀中的电磁铁有故障	检查、更换
	限位或顺序装置工作异常	调整、修复或更换
	阀不工作	调整、更换
	伺服放大器失调或不工作	调整、修复或更换
	液压缸或液压马达损坏	修复或更换
	放大装置调节错误或不工作	调整、修复或更换
执行元件动作过慢	流量阀开口调节过小	调整
	溢流阀或卸荷阀压力调节过低	调整
	系统内部泄漏太大	检查、修复
	变量泵的变量机构调节失灵	修理或更换

故障现象	故障原因	排除方法
执行元件动作过慢	旁路控制阀关闭不严	检查控制装置、修理或更换
	驱动液压马达的泵转速不够	反正旋转
	泵、缸、马达及其他元件磨损严重	修理或更换
执行元件动作不规则	油液中混有空气	加油、排气、堵漏
	指令信号不够稳定	查找、修复
	放大装置调节错误或不工作	调整、修复或更换
	变量泵的变量机构调节失灵	修理、更换
	驱动液压马达的泵转速不对	反正旋转
	滑阀阀芯卡涩	清洗、过滤液压油
	泵、缸、马达及其他元件磨损严重	修理或更换
执行机构动作过快	流量控制装置调整过高	调整
	变量泵的变量机构调节失灵	修理或更换
	伺服放大器失调或工作不正常	调整、修复或更换
	往复转换装置工作异常	修理或更换

3. 液压系统振动及噪声过大的诊断及排除方法

液压系统振动的原因很多，如果系统出现剧烈振动，往往是故障的先兆，最终导致系统不能正常运行，甚至完全停机。振动通常伴随着噪声的出现，但噪声的原因也是多方面的，如系统压力冲击、困油、气穴等都有噪声产生。液压系统振动及噪声过大的诊断及排除方法见表 7-6。

表 7-6　液压系统振动及噪声过大的诊断及排除方法

故障现象	故障原因	排除方法
液压缸、液压马达的振动	管接头密封不良，进入空气	维修或更换
	液压缸或液压马达的运动部件及密封不好，进入空气	用二硫化钼润滑脂涂抹液压缸或液压马达的运动部件及密封装置
	液压缸、液压马达磨损或损坏，进入空气	维修或更换
液压泵、管路及油箱的共振	液压泵的振动引起管路及油箱的共振	将液压泵(包括电动机)和油箱分别安装在不同的底座上或者泵底座和油箱间使用防振材料；液压泵的进、出油口采用软管连接
	液压泵的类型选择不合理	选择低噪声泵、立式电动机或将泵浸在油液中

续表

故障现象	故障原因	排除方法
液压系统共振	阀类弹簧工作不稳定引起的液压系统共振	改变弹簧的刚度及弹簧的安装位置；选用外泄式溢流阀或采用有远程遥控的溢流阀
	管道的材质、厚度或管道的粗细、长短等因素影响	改变管道的材质、厚度或管道的粗细、长短等
	管道固定不牢	加强管道的固定，使其不致振动
液压泵产生的噪声	气穴现象	排除气穴现象
	油液中进入空气	查油液中进入空气的原因，并排除
	管接头密封不良	维修或更换
	液压泵的磨损或损坏	检查、维修或更换液压泵
阀类换向时产生的冲击噪声	先导卸荷功能失灵或无先导阀	修理，选择有先导卸荷功能的液压阀
	电液换向阀的控制压力过大	减小电液换向阀的控制压力，或者在控制油路或回油路上增设节流阀
	两个以上的阀类同时动作	选用电气方法控制阀类，使两个以上的阀类不能同时动作
油箱共鸣声	油箱的结构问题	在油箱侧板及底板上增设筋板，增加油箱板的厚度
	回油管的结构问题	对回油管末端的形状或位置加以改变
管道内液压油激烈流动产生的噪声	管道结构不合理	少用弯头，加粗管道，选用曲率小的弯管；三通或直角弯头不用于油液紊乱处
	管道材料不合理	选用橡胶软管
	消声装置和蓄能器失灵或无这两个装置	修理或增设消声装置和蓄能器
管道的振动和噪声	阀类工作不良	将内泄式阀类改成外泄式、在回路的适当位置安装节流阀
	管道设计不合理	改造管道
	管道固定不牢	增加管道夹以固定管道

4. 液压系统温度过高的诊断及排除方法

温度直接影响油液的粘度，当系统温度过高时，油液的粘度显著下降，泄漏加剧，液压元件移动部位油膜破坏，摩擦加剧，整个液压系统的效率下降。另外，当低粘度液压油流过节流元件时，元件性能将发生变化，造成压力、速度不稳定。液压系统温度过高的诊断及排除方法见表 7-7。

表7-7　液压系统温度过高的诊断及排除方法

故障现象	故障原因	排除方法
系统油液温度过高	液压系统设定压力过高	安装压力表，调整压力
	卸荷阀压力调得过高	安装压力表，调整压力
	油液供应不足或油液污染严重	清洗或更换过滤器，更换合适粘度的油液，加油至规定油位
	油液粘度过低	更换合适粘度的油液，加油至规定油位
	油液冷却系统失灵	清洗、修理或更换冷却器及其控制装置
	油箱结构不合理，蓄能器容量不足或不工作	改进油箱结构，使油箱周围温升均匀；修理或更换蓄能器
	液压泵、液压马达、液压缸、阀及其他元件磨损	修理或更换
液压马达温度过高	系统油液温度过高	采用排除系统油温过高的处理方法予以处理
	溢流阀、卸荷阀压力调得太高	安装压力表，调整压力
	系统过载	检查密封及支承情况，查出超负载的原因
	液压马达磨损或损坏	修理或更换
溢流阀温度过高	系统油液温度过高	采用排除系统油温过高的处理方法予以处理
	溢流阀压力调整过大	安装压力表，调整压力
	溢流阀磨损或损坏	修理或更换
液压泵温度过高	系统油液温度过高	采用排除系统油温过高的处理方法予以处理
	气穴现象	排除气穴现象
	油液中有空气	加油、排气、堵漏
	溢流阀、卸荷阀压力调得太高	安装压力表，调整压力
	系统过载	检查密封及支承情况，查出超负载的原因
	液压泵磨损或损坏	修理或更换

　　5. 液压冲击的诊断及排除方法

　　在液压系统中，由于液体流动方向的突然改变或停止流动，流动液体的惯性会引起系统内部压力瞬间急剧上升，形成一个油压峰值，这种现象称为液压冲击。例如，换向阀迅速换向，液压马达或液压缸迅速停止运动或改变运动速度，都会引起液压冲击现象的发生。液压冲击的诊断及排除方法见表7-8。

表7-8　液压冲击的诊断及排除方法

故障现象	故障原因	排除方法
换向阀通断时产生冲击	换向时间太短	延长换向时间
	换向阀阀芯缓冲装置失灵或无缓冲装置	修理或更换带缓冲装置的阀芯
	油管太细或太长	加粗油管、缩短管路或更换成软管

续表

故障现象	故障原因	排除方法
液压缸或液压马达产生冲击	液压缸、液压马达附近蓄能器失灵或无蓄能器	检测、修理或安装蓄能器
	系统工作压力过高	降低工作压力或适当提高系统背压
	液压缸两端缓冲装置失灵	修理或更换缓冲装置中的节流阀
	液压缸、马达运动速度过快	进、出油口分设灵敏度高的溢流阀

6. 爬行的诊断及排除方法

爬行是液压系统中经常出现的不正常运动状态，是液压执行机构在工作时出现的一种不规则运动状态。轻微时人不易察觉其产生的振动，严重时会出现大距离的跳动。爬行现象对于生产加工是非常有害的。爬行的诊断及排除方法见表7-9。

表7-9　爬行的诊断及排除方法

故障现象	故障原因	排除方法
液压执行机构爬行	液压执行机构和管道中有空气进入	检查、排除系统中的空气
	系统压力过低或不稳定	检查、修理、调整压力
	液压执行机构运动部件阻力不正常	调整、加润滑油
	液压缸与滑动部件安装不正确	检查、调整
	液压执行机构磨损或损坏	检查、更换

7. 气穴现象的诊断及排除方法

关于气穴现象的产生、危害及减小其危害的措施项目1中已有所了解，现对气穴现象的诊断及排除的具体方法进行介绍，见表7-10。

表7-10　气穴现象的诊断及排除方法

故障现象	故障原因	排除方法
液压泵的气穴	进油过滤器过小或阻塞	清洗、更换
	吸油管路的油管太细	更换合适的进油管
	吸油管路弯头太多	更换管道设计
	吸油管太长或阻尼太大	减小长度或加粗管道、排除阻尼大的因素
	油液温度太低	加热油液为合理温度
	油液粘度过高	更换合适油液
	油箱通气孔阻塞或太细	清洗、更换
	液压泵转速太快	调整到合理转速
	液压泵离液面太高	更改泵的安装位置
	辅助泵故障	修理或更换

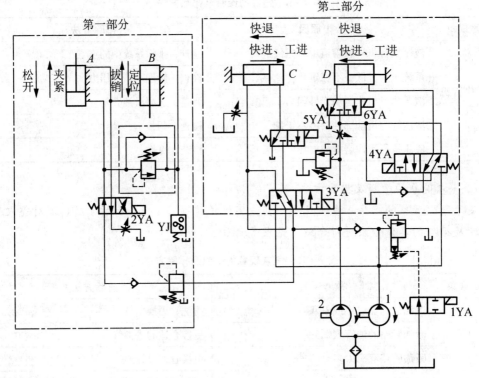

同步训练

7-1 试分析图7-1YT4543型动力滑台的液压系统由哪些基本回路组成？它是怎样实现油缸的差动连接的？通过什么方法可实现滑台的快慢速转换？图7-1中阀12、13、14起什么作用？

7-2 分析说明图7-2MJ-50型数控车床液压系统中电磁阀1、2起什么作用？

7-3 试分析图7-3自动卸料机械手液压系统由哪些基本回路组成？其特点如何？

7-4 如图7-4所示液压系统，按表7-11动作循环表规定的动作顺序进行系统分析，并填写完成该液压系统的工作循环表(注：电磁铁通电及压力继电器动作为"＋"，断电为"－"）。

图7-4 题7-4
1—大流量泵；2—小流量泵

液压系统说明如下：

(1) 第一部分、第二部分各自相互独立，互不约束。

(2) 3YA、4YA有一个通电时，1YA便通电。油泵1为大流量泵，油泵2为小流量泵。

(3) 在夹紧定位压力为调定值时，压力继电器YJ带电发出电信号，控制第二部分油缸 C、D 动作，完成快进→工进→快退动作。

（4）油缸 C、D 同时动作，且动作相同；快进时分别采用差动连接；工进时两缸活塞杆腔进压力油，且泵 1 卸荷。

（5）第一部分工作时，泵 1 卸荷。

表 7-11　液压系统的工作循环表

动作顺序及名称	电磁铁及压力继电器						
	1YA	2YA	3YA	4YA	5YA	6YA	YJ
定位夹紧							
快进							
工进(泵 1 卸荷)							
快退							
松开拔销							
原位(卸荷)							

項目**8**

描述气动元件

　　气动元件是气动技术中组成气动系统的基本单元。如图气动薄板剪切机，它是利用气动元件组成的气动系统来完成薄板的剪切工作的。气动技术因其具有节能、高效、防火、防爆、低污染等优点，而得到迅速发展，被广泛应用于食品、制药、造纸、橡胶、纺织等行业中。

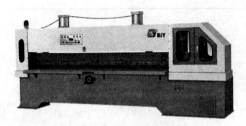

气动薄板剪切机实物图

　　气动技术是利用压缩空气作为传递动力的工作介质，利用气动元件构成气动控制回路，使气动元件按预先设定的动作顺序或条件运动的一种自动化控制技术。

　　从气动薄板剪切机气动系统图可以看出，气动系统是由：1)为系统提供清洁的高压气体的气源装置；2)对系统中气体的压力、流量及流动方向其控制作用的控制元件；3)完成规定动作的执行元件；4)为系统提供具有润滑作用和清洁压缩气体的气动辅件等组成的。

　　图中的空气过滤器13、减压阀6和油雾器12称为气源调节装置（亦称气动三联件）。

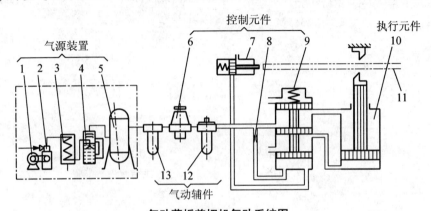

气动薄板剪切机气动系统图

1—电动机；2—空气压缩机；3—后冷却器；4—油水分离器；5—储气罐；6—减压阀；
7—行程阀；8—流量控制阀；9—方向控制阀；10—气缸；11—工件；12—油雾器；13—空气过滤器

任务 8.1　气源装置

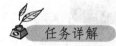

- 能理解气源装置的组成。
- 能理解空气压缩机的组成及工作原理。
- 了解气源净化装置的组成及作用。

　　气源装置是气动系统的动力源，它为气动系统提供符合规定质量要求的压缩空气，是气动系统的重要组成部分。气动系统要求压缩空气具有一定的压力、流量和洁净度。图 8-1 中点画线框出部分为气源装置，气源装置的主体是空气压缩机。由于大气中混有水分及灰尘等杂质，因此，从空气压缩机排出的压缩气体必须经过降温、净化、稳压等一系列处理后才可供给气动系统使用。所以，空气压缩机出口管路上要安装一系列净化装置，如后冷却器、油水分离器、干燥器及储气罐等。

8.1.1　空气压缩机

1. 空气压缩机的分类及作用

　　空气压缩机简称空压机，是气源装置的核心，它将原动机输出的机械能转化为气体的压力能。空气压缩机的种类很多，按压力大小可分成低压型(0.2～1.0MPa)、中压型(1.0～10 MPa)和高压型(>10 MPa)。按工作原理可分成容积型和速度型。速度型又可分为离心式和轴流式两种。在气动系统中，一般多采用容积式空气压缩机。

　　容积式空气压缩机是指通过运动部件的位移，使一定容积的气体顺序地吸入和排出封闭空间，通过缩小气体的容积来提高气体压力的压缩机。

　　容积式空气压缩机按结构原理可分为往复式(活塞式和膜片式)和旋转式(滑片式和螺杆式等)。下面以容积式中活塞式空气压缩机为例加以介绍。

2. 活塞式空气压缩机的工作原理

　　图 8-1(a)所示为常见的活塞式空气压缩机的工作原理图，图中曲柄 8 在电动机的带动下做回转运动，通过连杆 7、滑块 5、活塞杆 4 驱动气缸活塞 3 做往复直线运动。当活塞向右移动时，气缸内活塞左腔的压力低于大气压力，吸气阀 9 打开，外面的空气进入气缸，此过程为吸气过程。当活塞向右移动，缸内气体被压缩，气体压力开始升高，此过程为压缩过程。当压力高于输出管道内的气体压力后，排气阀 1 打开，压缩空气输送至管道内，此过程为排气过程。

　　这种结构的空气压缩机的缺点是在排气过程结束时，气缸内有剩余容积存在，在下一次吸气时，剩余容积内的压缩气体会膨胀，从而减少了吸入的空气量，降低了效率，

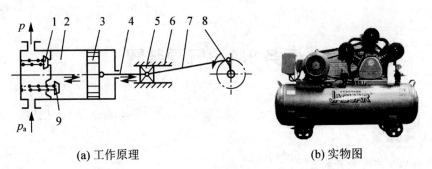

(a) 工作原理   (b) 实物图

图 8-1 活塞式空气压缩机的工作原理及实物图

1—排气阀；2—气缸；3—活塞；4—活塞杆；5—滑块；
6—滑道；7—连杆；8—曲柄；9—吸气阀

增加了压缩功。当输出压力较高时，此种现象会非常严重，气体温度急剧上升。故在需要高压输出时应采用分级压缩。分级压缩可降低排气温度，节省压缩功，提高容积效率，增加压缩气体排气量。

8.1.2 气源净化装置

由空气压缩机排出的压缩气体，必须经过干燥和净化之后，才能供给气动系统使用。因为压缩空气中含有大量的水分、油污和灰尘等杂质，若不经处理直接使用会导致不良后果。

1. 后冷却器

后冷却器的作用是将温度高达 120~180℃ 的压缩气体冷却到 40~50℃，并使其中的水蒸气和油雾达到饱和，使其大部分冷凝成水滴和油滴析出，便于经油水分离器排出。

常用冷却器的结构形式有蛇形管式、列管式、散热片式和套管式等。冷却方式有风冷和水冷两类，水冷散热系数高于风冷。图 8-2 所示为水冷式后冷却器及图形符号。图 8-3 所示为后冷却器实物图。

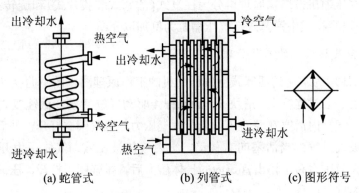

(a) 蛇管式   (b) 列管式   (c) 图形符号

图 8-2 水冷式后冷却器及图形符号

(a) 风冷式后冷却器　　　　　　　　(b) 水冷式后冷却器

图 8-3　后冷却器实物图

2. 油水分离器

油水分离器又称除油器，其作用是分离压缩空气中所含的油分及水分，使压缩空气进一步净化。如图 8-4 所示为撞击折回式油水分离器的工作原理、图形符号及实物图。当压缩空气进入油水分离器后，首先与隔板撞击，使压缩气体的流向和速度急剧变化，一部分油和水留在隔板上，然后气流上升产生环形回转，这样油滴和水滴在惯性力和离心力的作用下，将密度比压缩空气大的油滴和水滴分离出来，沉降到壳体底部，并定期打开底部阀门排出。

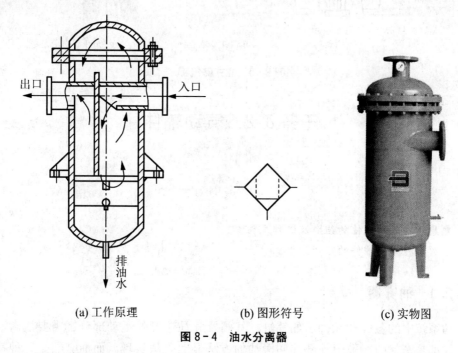

(a) 工作原理　　　　　　(b) 图形符号　　　　　(c) 实物图

图 8-4　油水分离器

3. 储气罐

储气罐是气源装置中必不可少的组成部分。其功用如下：一是调节空气压缩机输出气量和用户用气量的不平衡，消除压力波动，保证输出气流的连续性和平稳性；二是进一步分离气体中的油分和水分；三是储存一定量的压缩空气，以备应急使用。

储气罐一般采用圆筒状焊接结构，有立式和卧式两种。立式应用较广泛，如图 8-5

所示为立式储气罐的结构原理及图形符号及实物图。储气罐上应安装安全阀、压力以控制和指示储气罐内的空气压力，底部应设排放油、水的阀门，以便定期清除、排放污物。储气罐的高度 H 为其内径 D 的 $2\sim3$ 倍。

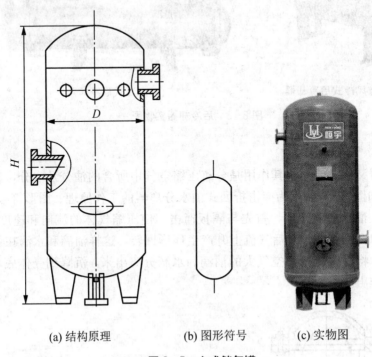

(a) 结构原理　　　(b) 图形符号　　　(c) 实物图

图 8-5　立式储气罐

任务 8.2　气动辅件

任务详解

- 熟悉各种气动辅件的组成及工作原理。
- 了解各种气动辅件的应用。

8.2.1　油雾器

气动系统中的各气动元件，如气缸、气阀及气马达等的运动部分都需要润滑，由于气动元件都是密封的，采用外部加润滑油的方法显然无法实现。而油雾器是一种特殊的注油装置，它以压缩空气为动力，将润滑油喷射成雾状，并混合于压缩空气中，随空气进入需要润滑的部件，达到润滑的目的。其优点是方便、均匀、耗油量少、润滑质量高。

如图 8-6 所示为普通型油雾器结构原理、图形符号及实物图。压缩空气由气流入口 1 进入，一小部分由小孔 2 进入截止阀 9 的阀座内腔，此时截止阀 9 的钢球在压缩空气和弹簧力的作用下处于中间位置，因此，压缩空气经截止阀 9 进入储油杯 5 的上腔 a，储油杯 5 的油面受压,油液经吸油管 10 上升,顶开单向阀 11 经可调节流阀 6 流入视油器 7 内,然后滴入喷嘴小孔 3 中。喷嘴小孔 3 中的油液经主管中的气流引射出来,形成雾状和气流一起从气流出口 4 输出,送往气动系统。

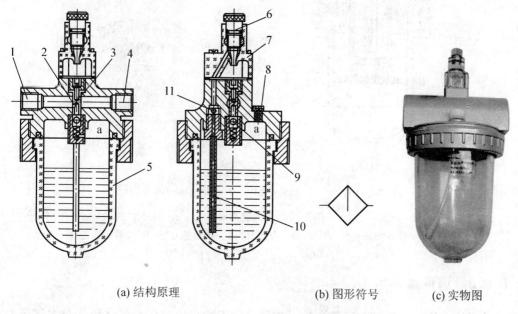

(a) 结构原理　　　　　　　(b) 图形符号　　　(c) 实物图

图 8-6　普通型油雾器

1—气流入口;2—小孔;3—喷嘴小孔;4—气流出口;5—储油杯;
6—可调节流阀;7—视油器;8—油塞;9—截止阀;10—吸油管;11—单向阀

8.2.2 空气过滤器

空气过滤器又称分水滤气器或空气滤清器。它是气动系统中一种常用的空气净化装置,可滤除压缩空气中的水分、油滴和杂质微粒等。在空气进入空气压缩机前,空气必须经过过滤,以防因杂质和灰尘对空气压缩机造成损害。在空气压缩机输入端使用的过滤器为一次过滤器,其滤灰率为 $50\%\sim70\%$;在空气压缩机的输出端使用的为二次过滤器(滤灰率为 $70\%\sim90\%$)和高效过滤器(滤灰率 $>90\%$)。过滤器的原理是根据固体物质和空气分子的大小、质量不同,利用惯性、阻隔和吸附的方法,将水分、油滴及杂质等从空气中分离出去。

在气动系统中,空气过滤器、油雾器和减压阀称为气动三联件,即气源调节装置,它是气动系统中必不可少的气动辅件。

如图 8-7 所示为普通空气过滤器的结构原理(二次过滤器)、图形符号及实物图。从入口进入的空气被旋风挡板 1 导向,沿存水杯 3 的四周产生强烈旋转,空气中所含的较大水滴、油滴及杂质等在离心力的作用下从空气中分离出来,沉降到储油杯底。而微粒灰尘和雾状水、油气,在空气流过滤芯 2 时被滤除。为防止气体旋转将存水杯中积存的污水卷起,在滤芯下端设置了挡水板 4。存水杯中的污水可由排水阀 5 排出。

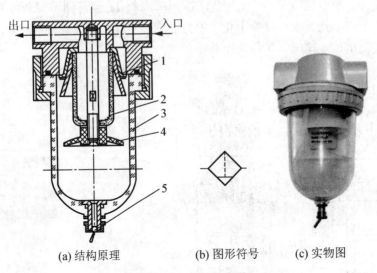

(a) 结构原理　　　　(b) 图形符号　　　(c) 实物图

图 8-7　空气过滤器

1—旋风挡板；2—滤芯；3—存水杯；4—挡水板；5—排水阀

8.2.3　消声器

　　气动系统中的压缩空气使用后会排入大气，由于所排出的压缩气体压力与大气压力之间存在较大压差，使排出的压缩气体体积急剧膨胀，产生涡流，引起气体的振动，发出强烈的噪声，为消除这种噪声，一般在气动元件的排气口安装消声器。消声器是一种能阻止声音传播而允许气流通过的气动元件，它是通过阻尼或增加排气面积来降低排气压力，从而降低噪声的。气动系统中的消声器主要有吸收型消声器、膨胀干涉型消声器、膨胀干涉吸收型消声器三种。

　　如图 8-8 所示为吸收型消声器的结构原理、图形符号及实物图，其主要原理是将吸声材料，如泡沫塑料、毛毡、烧结陶瓷、烧结金属、玻璃纤维等固定在气体流动的管道内，利用吸声材料，来吸收噪声。这种消声器能在较宽的中高频范围内消声，特别是对刺耳的高频声波消声效果最佳。

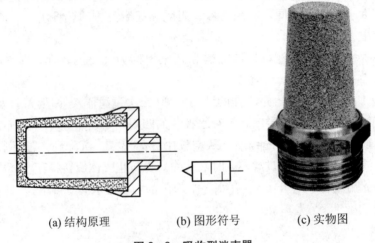

(a) 结构原理　　　　(b) 图形符号　　　(c) 实物图

图 8-8　吸收型消声器

任务 8.3　气动执行元件

- 能理解气缸的工作原理及组成。
- 能理解气动马达的工作原理及组成。

气动执行元件主要包括气缸和气动马达两类，它是将压缩气体的压力能转化成机械能的元件。气缸和气动马达的工作原理与液压缸、液压马达相似。

8.3.1　气缸

1. 气缸的分类

气缸的种类很多，应用也非常广泛，常用以下几种方法对气缸进行分类。

（1）按作用方式可分为单作用式和双作用式。

（2）按结构形式可分为活塞式、叶片式、薄膜式、柱塞式、摆动式等。

（3）按功能可分为普通气缸和特殊气缸（如气—液阻尼缸、薄膜式、冲击式、摆动式等）。

2. 普通气缸

普通气缸主要指活塞式单作用和双作用气缸，用于无特殊使用要求的场合，应用于一般的驱动、定位、夹紧装置的驱动等。如图 8-9 所示为活塞式双作用普通气缸的结构原理及实物图。

气缸一般由缸筒、前后缸盖、活塞、活塞杆、密封件和紧固件等零件组成。其工作原理与普通液压缸相同，通过有杆腔和无杆腔的交替进气和排气，活塞杆伸出和退回，气缸实现往复直线运动。

3. 气—液阻尼缸

由于气体的可压缩性，普通气缸工作载荷变化较大时，会出现"爬行"或"自走"现象，使气缸的工作不稳定。为使气缸活塞运动平稳，可采用气—液阻尼缸。气—液阻尼缸由气缸和液压缸组合而成，以压缩空气为能源，利用油液的可压缩性很小和流量控制实现活塞的平稳运动及调节活塞的运动速度。如图 8-10 所示为气—液阻尼缸的工作原理及实物图，从图中可看出，液压缸和气缸串联成为一体，两个活塞共用一个活塞杆。当 A 口进入压缩空气时，气缸克服外负载，推动活塞向左运动，此时液压缸左腔排油，但两个单向阀都关闭，油液只能通过节流阀缓慢流入液压缸右腔，这对整个活塞的运动起阻尼作用。调节节流阀的通流面积，可控制活塞的运动速度。当 B 口进入压缩空气时，活塞右移，液压缸右腔排油，这时油液通过单向阀快速流入液压缸左腔，活塞杆快速退回。

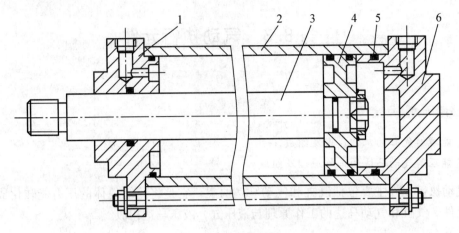

(a) 结构原理

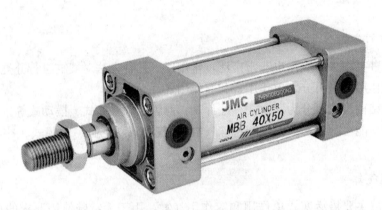

(b) 实物图

图 8-9 活塞式双作用普通气缸

1—前缸盖；2—缸筒；3—活塞杆；4—活塞；5—密封装置；6—后缸盖

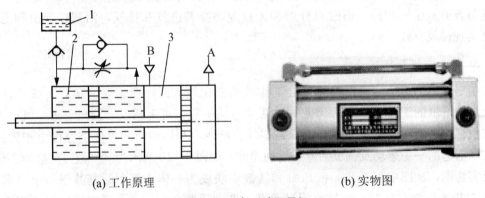

(a) 工作原理   (b) 实物图

图 8-10 气—液阻尼缸

1—高位油箱；2—液压缸；3—气缸

高位油箱的作用是补充液压缸因泄漏而减少的油量。一般情况下，将双活塞杆作为液压缸，这样可以使液压缸两腔的排量相等。

4. 薄膜气缸

如图 8-11 所示为薄膜气缸的工作原理及实物图。薄膜气缸利用压缩空气通过膜片的变形来推动活塞杆做直线运动。它由缸体、膜片、膜盘和活塞杆等零件组成，分为单作用和双作用两种形式。

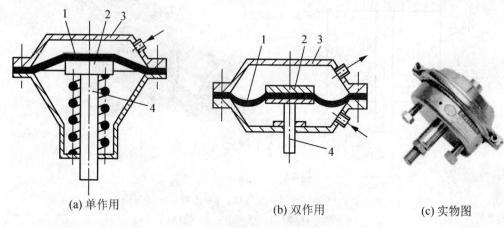

(a) 单作用　　　　　　　　(b) 双作用　　　　(c) 实物图

图 8-11　薄膜气缸
1—膜片；2—膜盘；3—缸体；4—活塞杆

薄膜可做成盘形膜片和平膜片两种。膜片材料为夹织物橡胶、钢片或青铜片。常用的夹织物橡胶厚度为 5～6mm；金属片只用于行程较小的膜片式气缸中。

薄膜气缸具有结构紧凑、简单、成本低、维修方便、寿命长、泄漏少、效率高等优点，但由于薄膜的变形量有限，故其行程较短，一般不超过 50mm。

5. 冲击气缸

冲击气缸是将压缩空气的压力能转化成活塞高速运动的动能的一种气缸。活塞最大速度可达每秒钟十几米，利用动能做功，在冲孔、模锻、弯曲、破碎、铆接等作业中得到广泛应用。

如图 8-12 所示为冲击气缸的工作原理及实物图，它由缸体、中盖、活塞和活塞杆等主要零件组成。

冲击气缸的工作过程可分为以下三个状态：

初始状态：压缩空气进入活塞杆腔，活塞在工作压力作用下处于上限位置，喷嘴口被封闭。

蓄能状态：控制阀换向，压缩空气进入蓄能腔，活塞杆腔排气。蓄能腔压力逐渐上升，活塞杆腔逐渐下降，因喷嘴口的面积仅为活塞面积的 1/9，所以，只有当蓄能腔的压力为活塞杆腔压力的 8 倍时，活塞才能开始向下运动。

冲击状态：当蓄能腔的压力大于活塞杆腔压力的 8 倍时，活塞即离开喷嘴口向下运动，在喷嘴打开的瞬间，蓄能腔的气体压力突然加到活塞腔整个活塞面上，于是活塞在非常大的压差作用下加速向下运动，使活塞、活塞杆等部件在瞬间产生很高的速度(为同等条件普通气缸的 10～15 倍)，以很高的动能冲击工件。

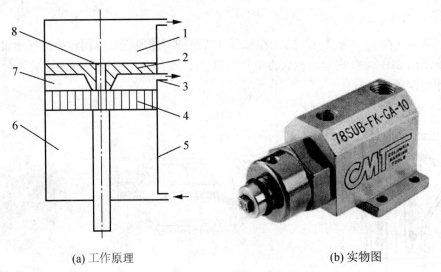

(a) 工作原理　　　　　　　　(b) 实物图

图 8-12　冲击气缸

1—蓄能腔；2—中盖；3—泄气口；4—活塞；5—缸体；

6—活塞杆腔；7—活塞腔；8—喷嘴

6. 摆动气缸

摆动气缸是将压缩空气的压力能转变成摆动气缸轴的有限回转机械能的一种气缸。如图 8-13 所示，它的定子 3 和缸体 4 固定在一起，叶片 1 和转子 2（输出轴）连接。当左腔进气时，转子顺时针转动；反向进气，则转子逆时针转动。

摆动气缸多用于安装位置受限或需要转动角度小于 360°的回转工作部件，如机械手的回转、阀门的开启、夹具的回转、转塔车床刀架的转位等。

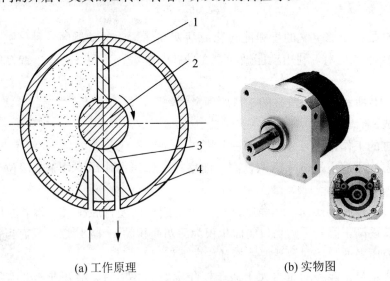

(a) 工作原理　　　　　　　　(b) 实物图

图 8-13　单叶片摆动气缸

1—叶片；2—转子；3—定子；4—缸体

8.3.2 气动马达

气动马达是将压缩空气的压力能转换成旋转机械能的装置。它的作用和工作原理与液压马达基本相同，以输出转矩和转速的形式来驱动工作机构做旋转运动。由于其使用的工作介质为空气，工作中不产生火花，所以适用于高温、多尘、爆炸、潮湿等场合。

在气压传动中应用最多的是叶片式、活塞式和薄膜式气动马达三种，这里主要对叶片气动马达加以介绍。

如图 8-14 所示为叶片式气动马达的工作原理及实物图。当压缩空气从 A 口进入气室立即喷向叶片 1，使叶片外伸部分受到气压力的作用，产生转矩带动转子 2 做顺时针转动，做功后的气体由定子上的 C 孔排出，剩余残气由 B 孔排出。若改变进气方向，压缩空气由 B 口进入，则转子反转。为确保叶片紧贴在定子的内表面上，通常在叶片底部安装弹簧或通入压力气体，使叶片伸出，以确保气压马达的正常工作及提高容积效率。

叶片马达体积小、质量轻、结构简单、单耗气量大，一般应用于要求低、中功率的机械，如手提工具、复合工具传送带和升降机、拖拉机等。

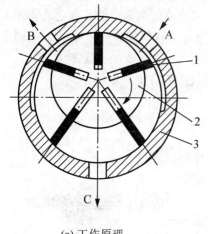

(a) 工作原理

(b) 内部结构实物图

(c) 外部结构实物图

图 8-14 叶片式气动马达
1—叶片；2—转子；3—定子

任务 8.4 气动控制元件

任务详解

- 能理解气动压力、流量、方向控制阀的工作原理，并掌握其应用。
- 了解气动逻辑元件的组成及工作原理。

8.4.1 压力控制阀

在气压系统中,压力控制阀是控制压缩空气的压力和依靠气压力来控制执行元件的动作顺序的阀。与液压压力控制阀一样,其原理都是利用作用在阀芯上的流体(压缩空气)压力与弹簧力相平衡的原理来进行工作的。

压力控制阀按其控制功能可分为调压阀(减压阀)、顺序阀和安全阀三种。这三种控制阀的工作原理与相应的液压阀基本相同,其中,调压阀仍起减压作用,但更重要的是调压与稳压。因为气动系统是将压缩气体置于储气罐中,然后经管路输送给气动装置使用。储气罐中的空气压力高于每台装置的所需压力,且压力波动比较大,因此必须在每台气动装置的供气口处设置减压阀,以降低供气压力,并保持供气压力值的稳定。

如图 8-15 所示为气动调压阀的工作原理、图形符号及实物图。当顺时针方向旋转调整手柄 1 时,调压弹簧 2 推动下弹簧座 3、膜片 4 和阀芯 6 下移,使阀口 5 打开,气流通过阀口后压力降低,同时减压后的气体有一部分由阻尼孔 8 进入膜片室,在膜片的下面产生一个向上的推力与弹簧力平衡,调压阀便有稳定的压力输出。当输入的压缩空气压力 p_1 增高时,输出压力 p_2 也随之增高,膜片室内膜片所受向上的推动力也增高,阀芯 6 在复位弹簧 7 的作用下上移,阀口 5 的开度减小,使输出压力降低到调定值;反之,当输入的压缩空气压力 p_1 减小时,则输出压力也随之减小,膜片下移,阀口开度增大,使输出压力回升到调定值,以维持压力稳定。调整手柄 1 可调整气动调压阀的调定压力。气动调压阀与油雾器、空气过滤器组成气动三联件,在气动系统中具有重要作用。

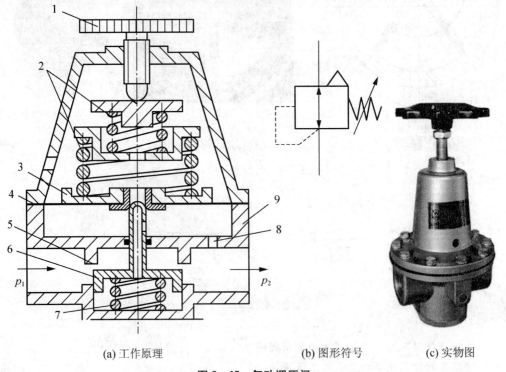

(a) 工作原理　　　　　　　　(b) 图形符号　　　(c) 实物图

图 8-15　气动调压阀

1—调整手柄;2—调压弹簧;3—下弹簧座;4—膜片;
5—阀口;6—阀芯;7—复位弹簧;8—阻尼孔;9—阀套

8.4.2　流量控制阀

流量控制阀是通过改变阀的通流面积来实现流量控制的元件。通过流量阀对气动系统的流量控制，可实现对气动系统执行元件运动速度的控制。流量控制阀包括节流阀、单向节流阀、排气节流阀和柔性节流阀等。由于节流阀与液压阀中同类型阀工作原理相同，这里仅介绍单向节流阀、排气节流阀和柔性节流阀。

1. 单向节流阀

单向节流阀是由单向阀和节流阀并联而成的组合式流量阀，用来控制气缸工作时的运动速度。如图 8-16 所示为单向节流阀。如图 8-16(a) 所示，当压缩气体由 B 口流向 A 口时，压缩气体和弹簧力使阀芯向下移动，单向阀关闭，节流阀节流。如图 8-16(b) 所示为压缩空气由 A 口流向 B 口，气体压力克服弹簧力推动阀芯上移，单向阀打开，不节流。

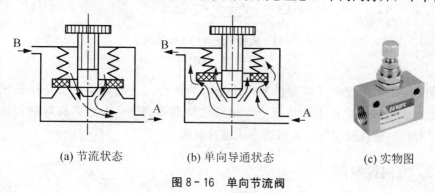

(a) 节流状态　　　　(b) 单向导通状态　　　　(c) 实物图

图 8-16　单向节流阀

2. 排气节流阀

排气节流阀是安装在气动执行元件排气口处的节流装置，它不仅能够调节流量，从而调节气动执行元件的运动速度，而且还能起到消声的作用。排气节流阀与节流阀一样，也是靠调节通流面积来调节阀的流量的。如图 8-17 所示为排气节流阀的工作原理、图形符号及实物图，从图中可以看出，气流由 A 口进入阀内，由节流口 1 节流后，经由消声材料制成的消声套 2 排入大气。

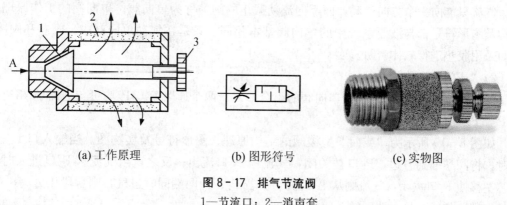

(a) 工作原理　　　　(b) 图形符号　　　　(c) 实物图

图 8-17　排气节流阀
1—节流口；2—消声套

排气节流阀的结构简单、安装方便，可使回路简化，现已得到广泛应用。

3. 柔性节流阀

如图 8-18 所示为柔性节流阀的工作原理，它依靠阀杆 1 夹紧具有柔性的橡胶管而产生节流作用，也可利用气体压力来代替阀杆压缩橡胶管节流。柔性节流阀具有结构简单、动作可靠性较高、压力小、对污染不敏感等特点。

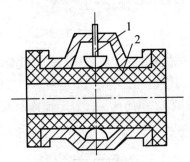

图 8-18　柔性节流阀的工作原理
1—阀杆；2—橡胶管

在气动系统中，用控制气体流量的方法来调节执行元件的运动速度是比较困难的，尤其是在低速或负载变化较大的情况下，很难做到准确调速。为达到良好的调速效果，提高运动平稳性，建议采用气—液联动方式进行调速。

8.4.3　方向控制阀

方向控制阀是用来控制气体流动方向及气路通、断的气动元件，按作用特点可分为单向阀和换向阀，按控制方式不同可分为手动式、机动式、气动式、电磁式和电—气式等。按阀芯结构不同又可分为截止式、滑柱式、平面式、旋塞式和膜片式。气动方向控制阀及其组成的回路功能与液压同类型阀相似。

1. 单向型方向控制阀

1）单向阀

气流只能向一个方向流动，而反向流动截止的阀类称为单向阀。单向阀的工作原理、结构及图形符号都与液压系统中的单向阀基本相同，只是在气动单向阀中，阀芯和阀座之间采用胶垫进行软体密封。

2）"或门"型梭阀

"或门"型梭阀相当于两个单向阀的组合形式。两个通路 P_1、P_2 均可与通路 A 相通，但 P_1、P_2 却不允许相互接通。

如图 8-19 所示为"或门"型梭阀的结构原理、图形符号及实物图。当输入口 P_1 进气时，将阀芯推到右边，P_2 口被关闭，气流经 A 口流出；反之，当气流从 P_2 口进入时，阀芯左移使 P_1 口关闭，气流则从 A 口流出。若 P_1、P_2 两端同时进气，则哪段压力高，A 口就与哪段相通，另一端则被关闭。

3)"与门"型梭阀

"与门"型梭阀也相当于两个单向阀的组合形式，又称为双压阀。如图 8-20(a)和图 8-20(b)所示，当 P_1、P_2 两输入口分别有气体输入时，阀芯被推向无气体输入一端，此时 A 口无输出；只有当 P_1、P_2 同时输入气体时，如图 8-20(c)所示，A 口才有输出。当 P_1、P_2 气体压力不等时，A 口输出压力低的气体。

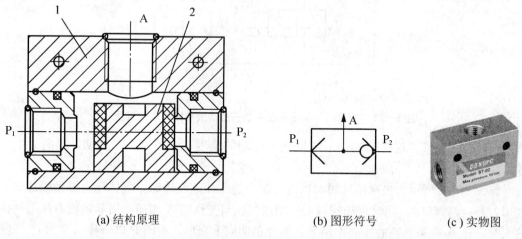

(a) 结构原理　　　　　(b) 图形符号　　　　(c) 实物图

图 8-19　"或门"型梭阀

1—阀体；2—阀芯

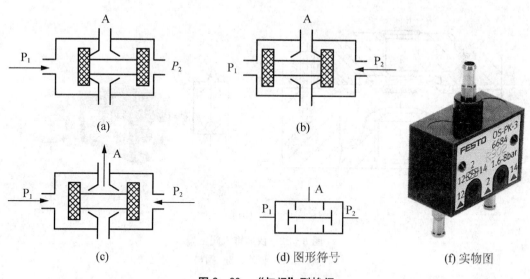

(a)　　　　　　　　　　(b)

(c)　　　　　(d) 图形符号　　　　(f) 实物图

图 8-20　"与门"型梭阀

"或门"型梭阀和"与门"型梭阀被广泛应用于逻辑回路和程序控制回路。如图 8-21 所示为"或门"型梭阀在手动—自动换向回路中的应用。

4)快速排气阀

快速排气阀是为加快气缸的排气速度而设置的，又称快排阀。一般安装在气缸和换向阀之间，即安装在需要快速排气的气动执行元件的附近。它使气缸的排气不通过换向

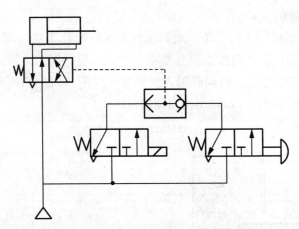

图8-21　"或门"型梭阀在手动—自动换向回路中的应用

阀而快速排入大气，这样就加快了气缸往复运动的速度，缩短了工作周期，提高了生产效率。

如图8-22所示为快速排气阀。当进气腔P进入压缩气体时，气体压力推动膜片向下变形，开启两阀口3，同时关闭阀口O，使进气腔与工作腔A相通；当P口没有压缩气体输入时，在A腔和P腔的压差作用下，膜片迅速向上变形，关闭P口，使A腔经过O腔快速排气。

实验证明，安装快速排气阀后，气缸运动速度可提高4~5倍。

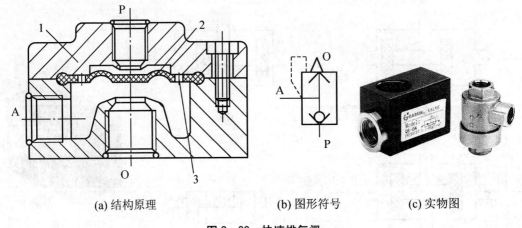

(a) 结构原理　　　　　　　　　(b) 图形符号　　　　　(c) 实物图

图8-22　快速排气阀
1—阀体；2—膜片；3—阀口

2. 换向型控制阀

1) 气压控制换向阀

气压控制换向阀是利用空气压力推动阀芯运动，使换向阀换向，从而改变气体流动方向的气动控制元件。它与液压阀中的液动换向阀的原理相似。按控制方式通常分为加压控制、差压控制和泄压控制三种。最常用的是加压控制及差压控制。

如图8-23所示为二位三通单气控加压式换向阀。当K口没有控制气体时，阀芯在弹簧力和 P 腔气体压力作用下，上移至图 8－23(a)所示位置，A 口与 O 口接通，P 口关闭。当 K 口有控制气体输入时，阀芯下移至图 8－23(b)所示位置，P 口与 A 口接通，O 口关闭。

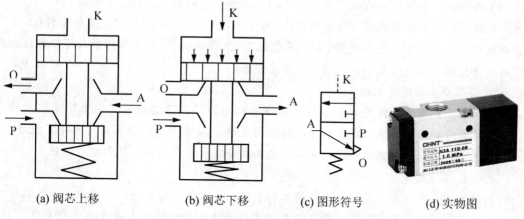

(a) 阀芯上移   (b) 阀芯下移   (c) 图形符号   (d) 实物图

图 8－23 二位三通单气控加压式换向阀

2）电磁控制换向阀

电磁控制换向阀是利用电磁力的作用推动阀芯，使气流方向得到改变的气动控制元件。按电磁控制部分对换向阀的推动方式分为直动式和先导式两种。该阀的工作原理与液压传动中的电磁换向阀相似，也是由电磁部分和主阀部分组成的。如图 8－24 所示为二位三通电磁换向阀。其中，图 8－24(a)是二位三通阀处于原始状态，线圈没有通电，阀芯被弹簧力向上推起，此时 A、O 口相通，P 口关闭；如图 8－24(b)所示为二位三通阀处于通电状态，电磁力克服弹簧力使阀芯向下移动，此时 P、A 相通，O 口关闭。

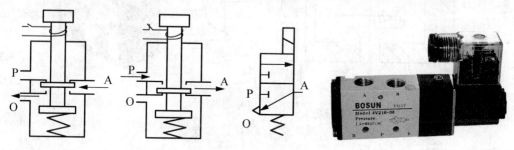

(a) 阀处于原始状态时 (b) 阀处于通电状态时 (c) 图形符号   (d) 实物图

图 8－24 二位三通电磁换向阀

 拓展知识

气动逻辑元件

气动逻辑元件是以压缩空气为介质，利用元件可动部件的动作改变气流方向以实现一定逻辑功能的气体控制元件。我们前面介绍的气动方向控制阀实际上也具有逻辑元件

的各种功能，所不同的是它的输出功率较大，尺寸也较大；而逻辑元件的尺寸较小。因此，气动系统控制回路中广泛采用各种形式的气动逻辑元件(即逻辑阀)。

1. 气动逻辑元件的分类

气动逻辑元件按逻辑功能可分为"或门"元件、"与门"元件、"非门"元件、"双稳"元件等；按工作压力可分为高压元件(工作压力为 0.2～0.8MPa)、低压元件(工作压力为 0.02～0.2MPa)、稳压元件(工作压力在 0.02 MPa 以下)；按结构形式可分为截止式逻辑元件、膜片式逻辑元件、滑阀式逻辑元件等。

2. 高压截止式逻辑元件

高压截止式逻辑元件是依靠控制气压信号推动阀芯或通过膜片变形推动阀芯动作来改变气流的方向，以实现一定逻辑功能的逻辑元件。该逻辑阀的特点是行程小，流量大，工作压力高，对气源净化要求低，便于实现集成安装和集中控制，拆卸也较方便。

1)"或门"元件

如图 8-25 所示为"或门"元件的工作原理、逻辑符号及实物图，图中 A、B 孔为信号输入孔，S 孔为信号输出孔。只有当 A 孔有信号输入时，阀芯 h 在气压力作用下下移，封住 B 孔，气流经 S 孔输出。当只有 B 孔输入信号时，阀芯 h 在信号气压力作用下上移，封住 A 孔，S 孔也有气流输出。当 A、B 均有信号输入时，阀芯 h 在两个信号作用下或上移、或下移、或保持中位，此时，S 孔均会有信号输出。可以看出，无论 A、B 孔哪个有信号输入或同时有信号输入，S 孔都会有信号输出。

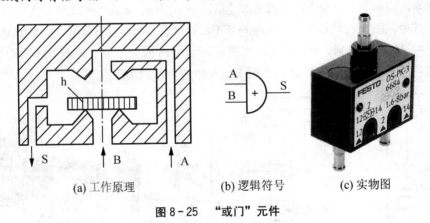

(a) 工作原理   (b) 逻辑符号   (c) 实物图

图 8-25   "或门"元件

2)"是门"和"与门"元件

如图 8-26 所示为"是门"和"与门"元件的工作原理及逻辑符号，图中 A 孔为信号输入孔，S 孔为信号输出孔，中间孔接气源 P 时为"是门"元件。当 A 孔无信号输入时，阀芯 2 在弹簧力和气源压力的作用下上移，处于图示位置，封住 P、S 孔间的通道，使 S 孔与排气孔相通，S 孔无信号输出。当 A 有信号输入时，膜片 1 在输入信号作用下将阀芯 2 下移，封住输出孔 S 与排气孔间的通道，P 孔与 S 孔相通，此时，S 孔有输出。总之，无信号输入则无信号输出，有信号输入则有信号输出。元件的输入和输出信号始终保持相同状态。

若将中间孔不接气源 P 而接另一个输入信号 B 时，则成"与门"元件，即只有当 A、B 孔同时有信号输入时，S 孔才有信号输出。

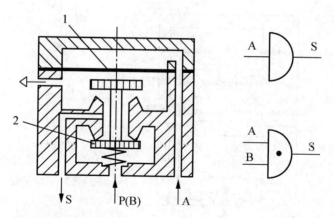

图 8-26 "是门"和"与门"元件的工作原理及逻辑符号

1—膜片；2—阀芯

3)"非门"和"禁门"元件

如图 8-27 所示为"非门"和"禁门"元件的工作原理及逻辑符号，A 孔为信号输入孔，S 孔为信号输出孔，中间孔接气源 P 时为"非门"元件。当 A 孔没有信号输入时，阀芯 4 在气源压力作用下上移，使 P 孔与 S 孔相通，S 孔有信号输出。当 A 孔有信号输入时，膜片 2 在输入信号作用下，向下变形推动阀芯 4 下移，关闭气源通道，S 孔没有信号输出。总之，有信号输入时，则没有信号输出；没有信号输入时，则有信号输出。显示活塞 1 用于显示是否有信号输出。

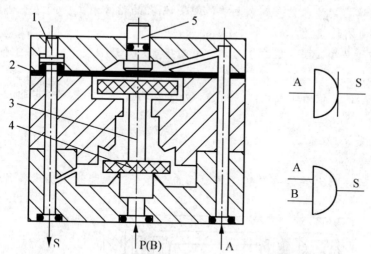

图 8-27 "非门"和"与门"元件的工作原理及逻辑符号

1—显示活塞；2—膜片；3—阀杆；4—阀芯；5—手动按钮

4)"或非门"元件

如图 8-28 所示为"或非门"元件的工作原理及逻辑符号，它是在"非门"元件的基础上增加两个信号输入端，即具有 A、B、C 三个输入信号，P 为气源，S 为输出端。当所有信号输入端都没有信号输入时，P 孔与 S 孔相通，S 孔有信号输出。只要三个信号输入端中有一个有信号输入，S 孔就没有输出。

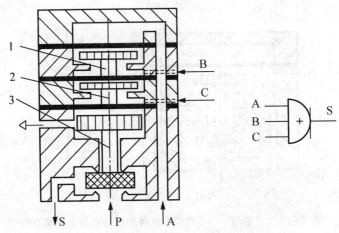

图 8-28   "或非门"元件的工作原理及逻辑符号

1、2—阀柱；3—阀杆

"或非门"元件是一种多功能逻辑元件，用这种元件可实现"是门"、"或门"、"与门"、"非门"及记忆等各种逻辑功能。

5）"双稳"元件

"双稳"元件属记忆元件，在逻辑回路中起非常重要的作用。如图 8-29 所示为"双稳"元件的工作原理及逻辑符号，当控制端 A 有信号输入时，阀芯 1 被推到图示位置，由 P 进入的气源压缩气体经 S_1 孔输出，S_2 孔与排气孔相通，此时，"双稳"元件处于"1"状态。在控制端 B 的输入信号到来之前，即使 A 孔的信号消失，阀芯 1 仍然保持在右端位置，S_1 孔一直有输出。

当 B 孔有信号输入时，阀芯 1 被推到左端位置，滑块 3 使 P、S_2 孔沟通，S_1 孔与排气孔相通，此时，由 P 进入的气源压缩空气经 S_2 孔输出，"双稳"元件处于"0"状态。在 B 信号消除之后，A 信号输入之前，阀芯都处于左端位，S_2 孔总有信号输出，因此该元件具有记忆功能。

需注意的是，"双稳"元件的两个输入端不能同时加输入信号，那样元件将处于不定工作位置。

把上述气动逻辑元件按一定的逻辑方式组合起来，就能组成实现各种动作要求的气动控制回路。

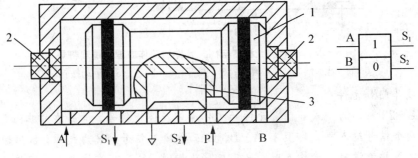

图 8-29   "双稳"元件工作原理及逻辑符号

1—阀芯；2—手动按钮；3—滑块

同步训练

8-1 简述气源装置的组成及作用。

8-2 简述活塞式空气压缩机的工作原理。

8-3 简述油雾器的工作原理。

8-4 何谓气动三联件？

8-5 简述气动执行元件的作用及分类。

8-6 简述气动控制元件的作用及分类。

8-7 快速排气阀有何用途？一般安装在什么位置？

8-8 调压阀、顺序阀及安全阀的图形符号有什么区别？它们各有什么用途？

8-9 排气节流阀有何作用？画出其图形符号。

项目9

组建气动基本回路

气动系统与液压系统一样，不论其功能多么复杂都是由一个或几个不同功能的气动基本回路组成的，如数控加工中心气动换刀系统就是由：气动设备工作压力控制回路、双向调压回路、气液联动回路及单作用气缸速度控制回路等组成的。因此，熟悉和掌握这些基本回路有助于更好地分析和使用各种气动系统。

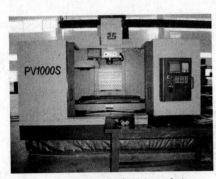
采用气动换刀的数控加工中心

刀库

任务 9.1　方向控制回路

- 能描述方向控制回路的组成及工作原理。
- 了解方向控制回路的应用。

方向控制回路是用换向阀控制压缩空气的通、断及流动方向，从而实现控制执行机构的运动、停止及运动方向的回路。下面主要通过单、双作用气缸换向回路的组成及工作原理，对方向控制回路加以介绍。

9.1.1　单作用气缸换向回路

如图 9-1(a)所示为用二位二通电磁换向阀控制的单作用气缸换向回路，当电磁铁通电时，气缸在压缩空气作用下向上伸出；当电磁铁断电时，气缸则在弹簧力的作用下返回。此回路比较简单，但要求气缸所驱动的部件不能阻碍气缸的顺利返回。如图 9-1(b)所示为用三位四通电磁换向阀控制的单作用气缸换向回路，当两电磁铁均断电时，能自动对中，使气缸可停留于任何位置，但定位精度不高，且由于存在泄漏，定位时间也较短。

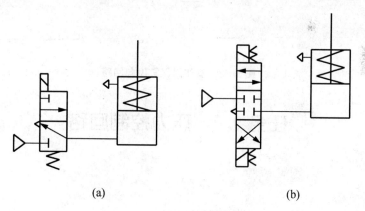

(a)　　　　　　　　　　　　　　　　(b)

图 9-1　单作用气缸换向回路

9.1.2　双作用气缸换向回路

如图 9-2 所示为各种双作用气缸换向回路。如图 9-1(a)所示是较简单的换向回路，它采用气控二位五通阀控制气缸换向。如图 9-2(b)～图 9-2(f)所示的双向气缸换向回路的两端控制电磁铁或手动操作按钮不能同时操作，否则将产生误动作，其回路相当于"双稳"元件的逻辑功能。如图 9-2(f)双向气缸换向回路的有中停位置，但中停定位精度不高。如图 9-2(d)所示的双向气缸回路是利用两个二位三通阀代替一个二位五通阀的换向回路，当气控通路 A 有控制气体通入时，气缸被推出；反之，气缸缩回。如图 9-2(e)

所示的双向气缸回路采用小通径手动换向阀作为先导阀，控制主阀动作，从而达到使气缸换向的目的。

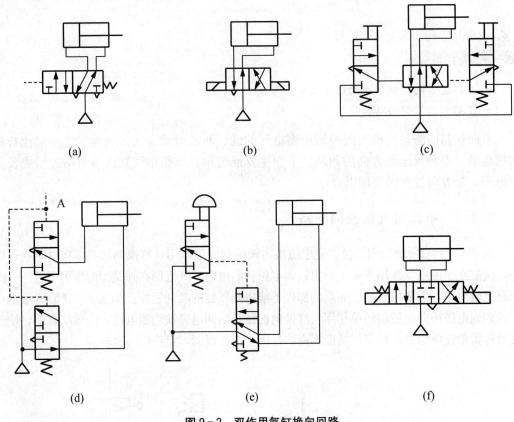

图 9-2　双作用气缸换向回路

任务 9.2　压力控制回路

- 了解压力控制回路的组成及作用。
- 熟悉压力控制回路的工作原理及应用。

气动系统压力控制回路的作用主要有两个，一是控制气源压力，防止出现气源压力过高损坏配管及元器件；二是控制使用压力，为气动设备提供必要的工作气压。

9.2.1　气源压力控制回路

在气源系统中，用于气罐的压力控制回路称为气源压力控制回路，也称为一次压力控制回路。该回路使气罐的压力处在一定范围内，不允许超过调定的最高压力值，也不允许低于调定的最低压力值。

如图 9-3 所示为气源压力控制回路，空气压缩机 1 在电动机的带动下工作，向气罐 4 中充气，气罐压力上升。当压力升至调定的最高压力值时，电触点压力表 5 通过中间继电器控制电动机停转，即空气压缩机停止工作；当压力下降到调定的最低压力值时，电触点压力表 5 又通过中间继电器控制空气压缩机起动，向气罐充气，使压力上升。电触点压力表 5 也可用压力开关 3 代替。

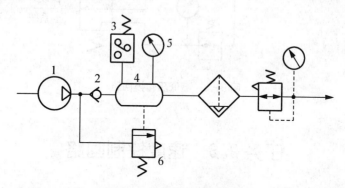

图 9-3　气源压力控制回路

1—空气压缩机；2—单向阀；3—压力开关；4—气罐；5—电触点压力表；6—安全阀

当电触点压力表或电路发生故障时，空气压缩机不能及时停止工作，气罐中的压力会不断上升，此时安全阀会自动开启向大气中排出多余气体，以保护气源的安全。此回路结构简单，安全可靠。

9.2.2　气动设备工作压力控制回路

气动系统在大多数情况下为集中气源供气，而采用此供气方式的气动设备的使用压力，一般都低于集中气源供气压力。气动设备工作压力控制回路是对每台气动设备的气源进口处压力进行调节的回路，也称二次压力控制回路。此回路可以保证气动设备得到稳定的工作压力，如图 9-4 所示，调节减压阀即可调节系统所需要的稳定工作压力。

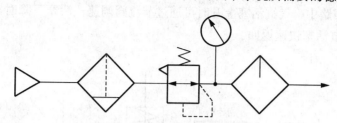

图 9-4　气动设备工作压力控制回路

9.2.3　高低压转换回路

当设备需要高、低压两种压力时，可采用如图 9-5 所示的高低压转换回路。此回路采用两个减压阀，可分别调出 p_1 和 p_2 两个不同的压力值。改变换向阀的接通位置，即可控制输出压力。

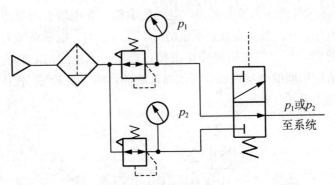

图9-5　高低压转换回路

任务9.3　速度控制回路

任务详解

- 了解速度控制回路的组成及工作原理。
- 熟悉速度控制回路的应用。

速度控制回路是通过对流量控制阀的调节，来实现调节或改变执行元件的运动速度的回路。

9.3.1　单作用气缸速度控制回路

如图9-6所示为单作用气缸速度控制回路，图9-6(a)中气缸活塞的升、降速度均通过节流阀进行调速，即两个相反安装的单向节流阀分别控制活塞的伸出和缩回速度。在图9-6(b)所示回路中，气缸活塞上升时可通过节流阀调速；活塞下降时，则通过快速排气阀排气，使气缸活塞快速返回。

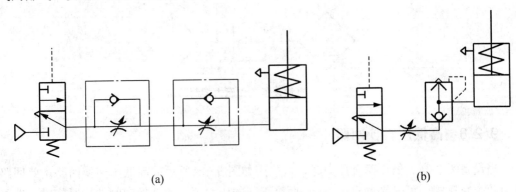

(a)　　　　　　　　　　　　　　　　(b)

图9-6　单作用气缸速度控制回路

9.3.2　双作用气缸速度控制回路

1. 单向调速回路

如图9-7所示为双作用气缸单向调速回路，其中图9-7(a)为供气节流调速回路，在图示位置时，进入气缸活塞腔的气体经节流阀节流，活塞杆腔气体经换向阀快速排入大气。这种回路在节流阀开度较小时，气缸容易出现"爬行"现象。其原因是节流阀开口较小时，进入气缸的气体流量较少，压力上升缓慢，只有当气压达到能够克服负载时活塞才前进，但此时由于活塞腔容积增大，使得压缩空气膨胀，活塞腔压力下降，活塞上作用的气压力小于负载，因而活塞停止前进。待压力再次上升时，活塞才重新前进。这种由于供气和负载的原因使活塞忽走忽停的现象，称为气缸的"爬行"。

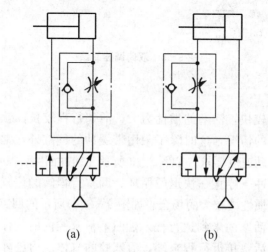

(a)　　　　　　　　　　(b)

图9-7　双作用气缸单向调速回路

供气节流调速回路的不足之处主要有两点：①当负载方向与气缸活塞运动方向相反时，活塞运动易出现不平稳，即"爬行"现象。②当负载方向与气缸活塞运动方向相同时，因在换向阀处采用快速排气，几乎没有阻尼，负载易出现"跑空"现象，使气缸失去控制。所以，供气节流调速回路一般用于垂直安装的气缸。水平气缸的控制回路一般采用图9-7(b)所示的排气节流调速回路，在图示位置时，气源的压缩气体直接进入气缸活塞腔，使活塞杆伸出，活塞杆腔的气体经节流阀节流后排入大气，调节节流阀的开度大小，就可以控制气流的排出速度，也就使活塞的运动速度得到控制。因活塞杆腔具有一定的背压，此时活塞在活塞左右两腔的压差作用下运动，减少了"爬行"现象发生的可能性。

2. 双向调速回路

如图9-8所示，在气缸的进、出口均设置节流阀，便构成了双向调速回路。图9-8(a)为采用单向节流阀式的双向节流调速回路；图9-8(b)所示为采用排气节流阀的双向节流调速回路。

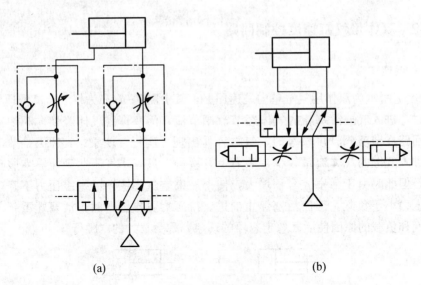

(a)   (b)

图 9-8　双向调速回路

3. 缓冲回路

若气缸的运动速度较快，活塞的惯性力大，活塞行程较长，就容易导致活塞在行程末端出现与缸体相碰撞的情况，这时除了采用带缓冲的气缸外，常常还需要采用缓冲回路来满足执行元件的运动速度要求。如图 9-9 所示为缓冲回路，其中图 9-9(a)所示的回路能实现快进→慢进缓冲→停止→快退的循环。调整行程阀的位置就意味着调整缓冲开始的位置，此回路用于惯性力较大的场合。如图 9-9(b)所示的回路，当压缩气体进入活塞杆腔，活塞腔排气，活塞尚未到达行程末端时，活塞腔内的气体先经快速排气阀，再经顺序阀排入大气。当活塞接近行程末端，活塞腔的气体压力已降到无法打开顺序阀的程度时，剩余气体只能经节流阀，再通过换向阀排入大气，活塞得到缓冲，行程长、速度快的场合多用此种回路。

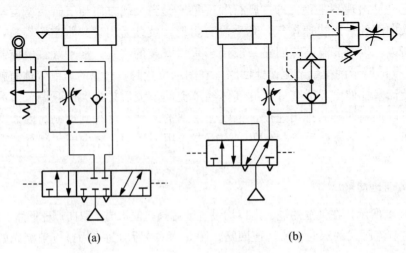

(a)   (b)

图 9-9　缓冲回路

任务 9.4　安全保护回路

- 了解安全保护回路的工作原理及应用。
- 熟悉安全保护回路的组成及各控制元件的作用。

9.4.1　过载保护回路

如图 9-10 所示为过载保护回路。当活塞在伸出过程中遇到某种障碍物而过载时，气缸右腔压力升高，当压力升高到超过预定值后，顺序阀 3 开启，换向阀 4 换向，使控制换向阀 2 的控制气体经换向阀 4 排入大气，换向阀 2 复位，活塞立即中途返回，实现过载保护。

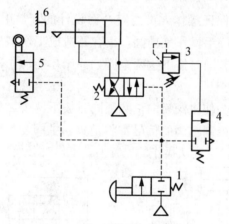

图 9-10　过载保护回路
1—手动换向阀；2、4—气动换向阀；
3—顺序阀；5—行程阀；6—障碍物

9.4.2　互锁回路

互锁回路用于多缸气动系统，用来实现在某一气缸动作时，其他气缸保持锁定不动，如图 9-11 所示。回路利用梭阀 1、2、3 和二位五通阀 4、5、6 对三个气缸 A、B、C 实现互锁。当换向阀 7 电磁铁通电时，换向阀 7 换向，通阀 4 也换向，A 气缸活塞杆伸出。此时通阀 4 输出的气体经梭阀 1、3 通向通阀 5、6 的右控制口，将通阀 5、6 锁住。这时即使换向阀 8、9 电磁铁带电，气控信号 B、C 气缸也不会动作，只有换向阀 7 失电复位，其他气缸才能动作。

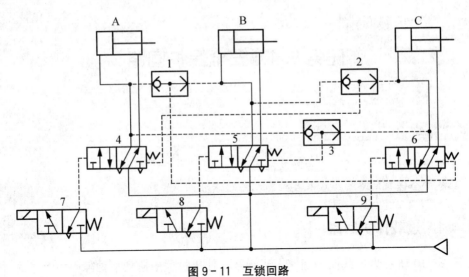

图9-11　互锁回路

1、2、3—梭阀；4、5、6—二位五通阀；7、8、9—二位三通换向阀

9.4.3　双手操作回路

双手操作回路是为了保证操作人员的安全而设计的，常用于冲压、锻压等设备中。若操作者一手拿冲料，另一手操作气动阀，很容易造成工伤事故。而双手操作回路采用两个气动作用的手阀，只有同时按下这两个阀，冲床才能动作，这样可保证双手的安全及设备的正常运行。

如图9-12(a)所示，为使主阀换向，必须同时按下两个二位三通阀，其中任何一个二位三通阀没有被按下，控制主阀的信号都将消失，主阀复位，活塞杆退回。注意：两个二位三通阀必须安装在单手无法操作的位置上，工作时必须两手同时操作。

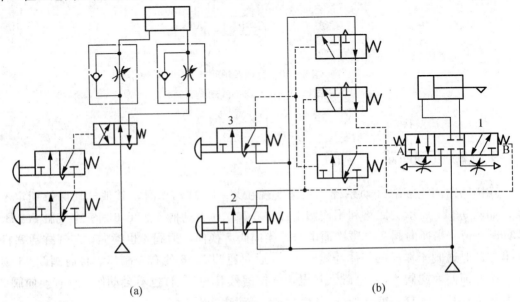

(a)　　　　　(b)

图9-12　双手操作回路

1—主阀；2、3—手动阀

如图 9-12(b)所示是使用三位五通主阀 1 换向的双手操作回路，由图可以看出，只有手动阀 2、3 同时按下，主阀 1 的控制口 A 才有控制信号输入，主阀 1 左位工作，活塞杆伸出；而当手动阀松开时(图示位置)，主阀 1 控制口 B 有信号输入，主阀 1 右位活塞杆缩回；当手动阀 2、3 中任意一个松开时，主阀 1 都将复位到中位，活塞处于停止状态。

任务 9.5　气液联动回路

- 了解气液联动回路的组成及工作原理。
- 熟悉气液联动回路的应用。

气液联动回路是利用气液转换器或气液阻尼气缸，把气动传动转换为液压传动，从而使执行元件的运动速度调节和运动状态更加平稳。若采用气液增压回路，还可得到更大的推力。气液联动回路的特点是结构简单，经济可靠。

9.5.1　气液转换速度控制回路

如图 9-13 所示为气液转换速度控制回路。该回路利用气液转换器 1、2 将气压转换成液压，利用液压油驱动液压缸 3，从而得到平稳且易控制的活塞运动速度。调节节流阀的开度即可调节活塞的运动速度。此回路充分发挥了气动供气方便和液压速度容易控制的特点，但要求气液间有良好的密封，以免气体混入油液中。

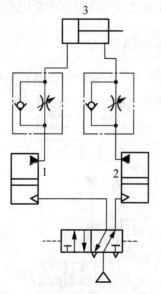

图 9-13　气液转换速度控制回路
1、2—气液转换器；3—液压缸

9.5.2 气液阻尼速度控制回路

如图 9-14 所示为气液阻尼速度控制回路。其中图 9-14(a)为慢进—快退回路,当活塞伸出时,气液阻尼缸有杆腔的油液通过单向节流阀中的节流阀流出进入无杆腔,调节单向节流阀的开度,可调节活塞的前进速度;当活塞退回时,气液阻尼缸无杆腔的油液通过单向阀快速流入有杆腔,所以退回速度较快。高位油箱起补充回路泄漏油液的作用。

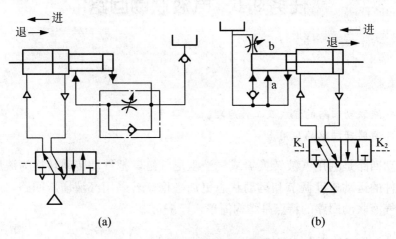

(a)   (b)

图 9-14　气液阻尼速度控制回路

如图 9-14(b)所示为快进—慢进—快退回路。当 K_2 有信号输入时,二位五通换向阀右位工作,活塞向左前进,液压缸无杆腔的油液通过 a 口流入有杆腔,气缸快速前进;当活塞将 a 口关闭时,液压缸无杆腔的油液被迫从 b 口经节流阀流入有杆腔,活塞运动速度下降,气缸为工进状态;当 K_2 信号消失, K_1 有信号输入时,二位五通换向阀左位工作,活塞向右快速退回。此回路可实现机床工作循环中常用的快进→工进→快退的动作要求。

9.5.3 气液增压缸增压回路

如图 9-15 所示为气液增压缸增压回路,该回路利用气液增压缸 a 将较低的气体压力变为较高的液体压力,从而提高了气液缸 b 的输出力。

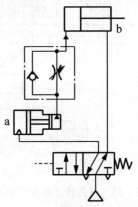

图 9-15　气液增压缸增压回路

任务 9.6　其他回路

- 熟悉延时回路和往复动作回路的工作原理及组成。
- 了解上述回路的应用。

9.6.1　延时回路

如图 9-16 所示为延时回路。其中图 9-16(a)是延时输出回路，当换向阀 1 有控制信号输入时，换向阀 1 上位工作，压缩气体经单向节流阀 2 中的节流阀进入气罐 3，为气罐充气。当充气压力经过延时升高到可使换向阀 4 换位时，换向阀 4 才有压缩气体输出，从而使经过换向阀 4 的气体得到延时。如图 9-16(b)所示，当按下手动换向阀 5 时，气缸活塞向外伸出，当气缸活塞运行至压下行程阀 8 后，压缩空气经节流阀 7 进入气罐 3，经延时后将阀 6 切换(图示位置)，气缸活塞缩回，即使活塞的缩回动作得到延时。

上述延时都是通过节流阀来控制的，因此，它是通过调节节流阀的开度来控制延时时间的。

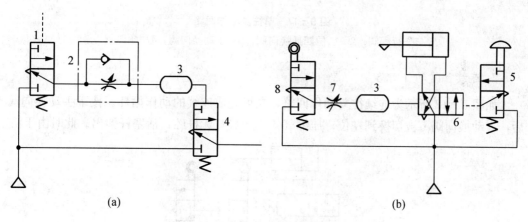

(a)　　　　　　　　　　　　　　　　(b)

图 9-16　延时回路

1、4—二位三通换向阀；2—单向节流阀；3—气罐；
5—手动换向阀；6—二位四通换向阀；7—节流阀；8—行程阀

9.6.2　往复动作回路

在气动系统中采用往复动作回路可提高系统的自动化程度。常用的往复动作回路有单往复动作回路和连续往复动作回路两种。

1. 单往复动作回路

如图 9-17 所示为单往复动作回路。其中图 9-17(a)是行程阀控制的单往复动作回

液压与气动技术项目教程

路，按下手动换向阀3，压缩气体使换向阀2切换到右位，气缸活塞杆伸出。当活塞杆的运行使行程阀1被压下时，换向阀2又被切换到左位，活塞缩回。

图9-17(b)是压力控制的单往复动作回路，按下手动换向阀3后，换向阀2被切换到右位，压缩气体进入气缸的无杆腔，气缸活塞伸出。同时压缩气体又作用于顺序阀4，当活塞运动到终点后，气缸无杆腔压力上升并打开顺序阀4，换向阀2又被切换到左位，活塞缩回。

图9-17(c)是采用阻容回路形成的时间控制单往复动作回路，按下手动换向阀3，换向阀2被切换到右位，气缸活塞伸出。当活塞杆压下行程阀1后，压缩空气经行程阀1，再经单向节流阀中的节流阀向气罐充气，当气罐中的气体压力达到一定值后(需经过一定时间)，则推动换向阀2切换到左位，活塞缩回。

综上所述，在单往复动作回路中，每按下一次手动换向阀，气缸就可完成一次往复运动。

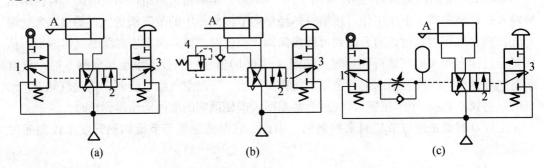

图9-17　单往复动作回路

1—行程阀；2—二位四通换向阀；3—手动换向阀；4—顺序阀

2. 连续往复动作回路

如图9-18所示为连续往复动作回路，它可完成连续的动作循环。按下手动换向阀4后，气动换向阀1被切换到左位，压缩气体进入气缸无杆腔，活塞杆伸出。此时由于活塞

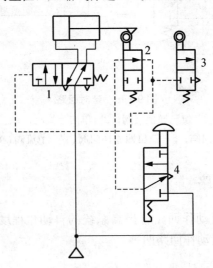

图9-18　连续往复动作回路

1—气动换向阀；2、3—行程阀；4—手动换向阀

杆上的挡块脱离行程阀 2，行程阀 2 复位，气路封闭，气动换向阀 1 的控制气路被封住，气动换向阀 1 无法复位，活塞继续伸出，直到活塞运动到终点，活塞杆上的挡块压下行程阀 3，气动换向阀 1 控制气体经行程阀 3 排气，气动换向阀 1 在弹簧力的作用下复位，活塞返回。当气缸活塞返回到终点挡块压下行程阀 2 时，在控制压力作用下，气动换向阀 1 切换到左位，活塞再次伸出。气缸如此连续往复运动，只有当提起手动换向阀 4 按钮后，活塞返回并停止运动。

 拓展知识

1. 数控加工中心气动换刀系统

图 9-19 所示为某数控加工中心实物图及数控加工中心气动换刀系统原理，该系统在换刀过程中要实现以下动作循环：主轴定位→主轴松刀→拔刀→向主轴锥孔吹气→插刀→刀具夹紧→主轴复位等。

当数控系统发出换刀指令时，主轴停止旋转，同时 4YA 通电，压缩气体经气动三联件 1→单向节流阀 7→主轴定位缸 A 的右腔→缸 A 活塞杆伸出→主轴自动定位。主轴定位后，压下无触点开关，使 6YA 通电，压缩气体经换向阀 4→快速排气阀 9→气液增压缸 B 的上腔→增压缸的高压油使活塞杆 d 伸出→主轴松刀。主轴松刀的同时使 8YA 通电，压缩气体经换向阀 5→单向节流阀 11→缸 C 上腔→缸 C 下腔，经单向节流阀 10 节流后排气，活塞下移实现拔刀。此时由回转刀库交换刀具，并使 1YA 通电，压缩气体经换向阀 2→单向节流阀 6 向主轴锥孔吹气。稍后 1YA 失电，2YA 通电，吹气停止。8YA 失电，7YA 通电，压缩气体经换向阀 5→单向节流阀 10→缸 C 下腔→活塞上移，实现插刀动作。当 C 缸活塞杆碰到行程阀（图 9-19 中未画）时，使 6YA 失电，5YA 通电，压缩气体经换向阀 4→气液增压缸 B 的下腔→活塞杆 d 缩回，使主轴刀具夹紧。当活塞杆 d 碰到行程限位阀（图 9-19 中未画）后，4YA 失电，3YA 通电，缸 A 的活塞在弹簧力作用下复位，恢复到初始状态，换刀结束。表 9-1 中列出了换刀过程中各电磁的动作。

(a) 数控加工中心实物图

图 9-19   数控加工中心实物图及数控加工中心气动换刀系统原理

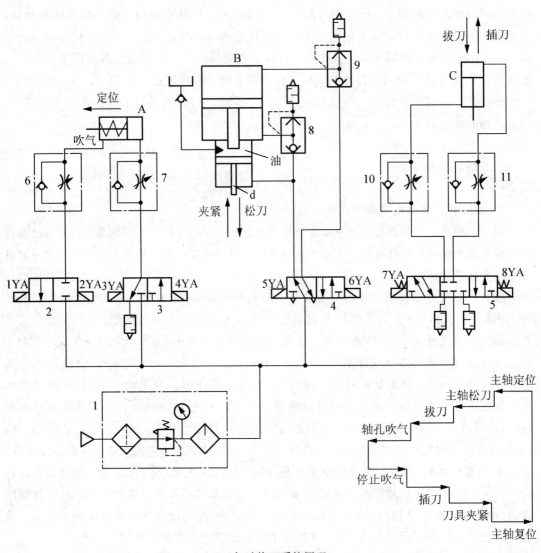

(b) 气动换刀系统原理

图9-19 数控加工中心实物图及数控加工中心气动换刀系统原理(续)

1—气动三联件；2、3、4、5—换向阀；6、7、10、11—单向节流阀；8、9—快速排气阀

表9-1 换刀过程中各电磁动作

电磁阀 \ 工况	1YA	2YA	3YA	4YA	5YA	6YA	7YA	8YA
主轴定位				+				
主轴松刀				+		+		
拔刀				+		+		+
主轴锥孔吹气	+			+		+		+
吹气停止	−	+		+		+		+

电磁阀 工况	1YA	2YA	3YA	4YA	5YA	6YA	7YA	8YA
插刀			+			+	+	−
刀具夹紧			+	+				
主轴复位		+	−					

2. 气动控制机械手

机械手是自动生产设备和生产线上的重要装备之一，它可根据各种自动化设备的工作需要，按预定的控制程序模拟人手部分动作，实现搬运工件及自动取料、上料、卸料、换刀等功能。

图 9-20 所示为用于某专用设备上的气动机械手的结构原理及实物图。该系统采用 4 个气缸，分别实现手臂上升和下降、手臂向左和向右回转、手臂伸出和缩回、手指抓取和松开等动作。图 9-20 中，缸 A 为夹紧缸，活塞杆缩回时夹紧工件，活塞杆伸出时松开工件；缸 B 为手臂伸缩缸，可实现手臂的伸出和缩回；缸 C 为立柱升降缸，可实现手臂的上升和下降；缸 D 为手臂回转缸，该气缸有两个，分别装在带齿条的活塞杆两端，齿条的往复运动带动立柱上的齿轮旋转，从而实现手臂的回转。

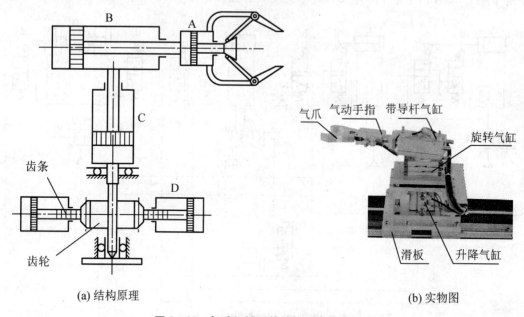

(a) 结构原理　　　　　　　　　　　　　　　(b) 实物图

图 9-20　气动机械手的结构示意及实物图

若要求该机械手的动作顺序为手臂下降 C_0 →手臂伸出 B_1 →夹紧工件 A_0 →手臂缩回 B_0 →立柱顺时针转 D_1 →手臂上升 C_1 →松开工件 A_1 →立柱逆时针转 D_0 ，那么，在手动起动机械手后，可实现从第一个动作到最后一个动作的自动延伸，如图 9-21 所示，图中 q 为手动开关。

$$q \nearrow \rightarrow C_0 \rightarrow^{c_0} B_1 \rightarrow^{b_1} A_0 \rightarrow^{a_0} B_0 \rightarrow^{b_0} D_1 \rightarrow^{d_1} C_1 \rightarrow^{c_1} A_1 \rightarrow^{a_1} D_0 \rightarrow^{d_0}$$

图 9-21　气动机械手工作程序

如图 9-22 所示为气动机械手的气动系统图。对其工作原理及循环分析可知，①按下起动阀 q，控制气体经起动阀 q 使主阀 C 处于 C_0 位，C 缸活塞杆退回，实现手臂下降 C_0 动作；②当 C 缸活塞杆上的挡铁压下 c_0，控制气体使主阀 B 处于 B_1 位，B 缸活塞杆伸出，即得到手臂伸出 B_1 动作；③当 B 缸活塞杆上的挡铁压下 b_1，控制气体使主阀 A 处于 A_0 位，A 缸活塞杆退回，即得到夹紧工件 A_0 动作；④当 A 缸活塞杆上的挡铁压下 a_0，控制气体使主阀 B 处于 B_0 位，B 缸活塞杆退回，即得到手臂缩回 B_0 动作；⑤当 B 缸活塞杆上的挡铁压下 b_0，控制气体使主阀 D 处于 D_1 位，D 缸活塞杆向右移动，通过齿轮齿条机构带动立柱顺时针回转，即立柱顺时针回转 D_1 动作；⑥当 D 缸活塞杆上的挡铁压下 d_1，控制气体使主阀 C 处于 C_1 位，C 缸活塞杆伸出，得到手臂上升 C_1 动作；⑦当 C 缸活塞杆上的挡铁压下 c_1，控制气体使主阀 A 处于 A_1 位，A 缸活塞杆伸出，得到松开工件 A_1 动作；⑧当 A 缸活塞杆上的挡铁压下 a_1，控制气体使主阀 D 处于 D_0 位，D 缸活塞杆向左移动，同样通过齿轮齿条机构带动立柱递时针回转，即立柱递时针回转 D_0 动作；⑨当 D 缸活塞杆上的挡铁压下 d_0，控制气体经起动阀 q 又使主阀 C 处于 C_0 位，C 缸活塞杆退回，实现手臂下降 C_0 动作，于是下一个工作循环又重新开始。

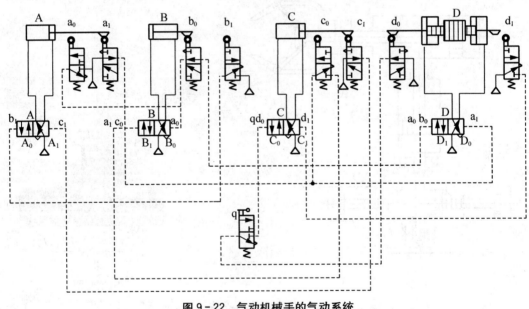

图 9-22　气动机械手的气动系统

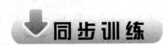

9-1　什么是一次压力控制回路、二次压力控制回路？其功用分别是什么？

9-2　双手操作回路为什么能起到保护操作者的作用？

9-3　什么是延时回路？它在回路中有什么作用？

9-4　连续往复回路用于什么场合？如要停止工作，该如何控制？

9-5　何谓互锁回路？其作用是什么？

9-6　试用能量守恒观点对气液增压缸的工作原理进行分析。

9-7　速度控制回路有什么作用？常用的类型有哪些？

9-8　方向控制回路的主要作用有什么？按操纵方式可分为哪几种？

9-9　试述"或"、"与"、"非"的概念，并画出其逻辑符号。

9-10　试述数控加工中心气动换刀系统工作循环的动作原理，其夹紧缸为什么要采用气液增压缸？

9-11　试述气动机械手的用途和工作原理。

项目 **10**

液压与气动实训

实训 1　液压泵拆装实训

1. 实训目的

(1) 进一步理解常用液压泵的结构组成及工作原理。

(2) 学会正确拆卸和装配液压泵的方法。

2. 实训设备

(1) 实训用液压泵：齿轮泵、叶片泵、轴向柱塞泵。

(2) 工具：固定扳手、内六方扳手、螺丝刀等。

3. 实训要求

(1) 实训前认真预习，对液压泵的工作原理及其结构组成有基本认识。

(2) 拆装过程中应利用相应工具，严格按拆卸、装配步骤进行。

(3) 通过实训了解常用液压泵的结构组成、工作原理及零部件的作用。

4. 实训内容

按要求拆卸各类液压泵；观察、了解各零部件在液压泵中的作用；了解各种液压泵的工作原理及结构；按照规定的步骤装配各类液压泵。

5. 问题思考

(1) 齿轮泵由哪几部分组成？各密封腔是怎样形成的？

(2) 齿轮泵的工作原理。

(3) 齿轮泵困油现象的原因及消除措施。

(4) 齿轮泵是如何完成吸、压油的？观察其进、出油口的大小。

(5) 齿轮泵中存在几种可能产生泄漏的途径？为了减小泄漏，应采取什么措施？

(6) 齿轮、轴和轴承所受的径向液压不平衡力是怎样形成的？应如何解决？

(7) 叶片泵由哪些部分组成？

(8) 单、双作用叶片泵的工作原理？

(9) 单、双作用叶片泵在结构上有何区别？

（10）转子上叶片的倾斜方向是什么？

（11）双作用叶片泵的定子内表面形状特点有哪些？

（12）轴向柱塞泵由哪几部分组成？

（13）柱塞泵的密封腔由哪些零件组成？密封腔有几个？

（14）轴向柱塞泵的工作原理。

（15）柱塞泵是如何实现配油的？

（16）柱塞泵的配油盘上开有几个槽孔？各有什么作用？

（17）手动变量机构由哪些零件组成？如何调节泵的流量？

实训 2　液压泵性能实验

1. 实验目的

（1）分析液压泵的性能曲线，了解液压泵的工作特性。

（2）掌握液压泵性能参数的测试方法。

2. 实验设备

QCS003B 型液压教学实验台。

图 10-1　QCS003B 型液压教学实验台

3. 实验内容

（1）液压泵的流量—压力特性。

（2）液压泵的输入功率—压力特性。

（3）液压泵的总效率—压力特性。

4. 实验原理

　　本实验是测定液压泵在不同工作压力下的实际流量。如图 10-2 所示为液压泵性能实验的液压系统原理。该液压系统主要由被试油泵 1、安全阀 2、节流阀 4、流量计 6 和压力表 3 等组成。液压泵的工作压力 p 通过改变节流阀 4 的通流截面面积获得，工作压力值的大小由压力表显示。在开始测量实验数据之前，首先要对安全阀 2 的压力进行调定。本实验所测参数如下：

(1) 液压泵输出油液流过一定体积 $\Delta V(\text{L})$ 所需要的时间 $\Delta t(\text{s})$。

(2) 电动机的输入功率 $P_d(\text{kW})$，并查出对应 P_d 的电动机效率 η_d。

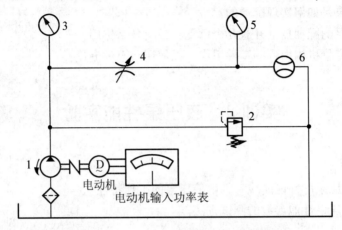

图 10-2　液压泵性能实验的液压系统原理
1—油泵；2—安全阀；3、5—压力表；4—节流阀；6—流量计

5. 实验步骤

1) 调定安全阀 2 的压力

先拧松安全阀 2 至全开，接着拧紧节流阀 4 至关闭，然后调节安全阀至 7.5MPa，再迅速打开节流阀至全开。

2) 测各工作压力所对应的液压泵的流量

在被测油泵 1 的压力范围内，其工作压力 $p(\text{MPa})$ 的测量点数不应少于 8 点。

(1) 测量节流阀全开状态下的压力 p、流量 q 和电动机输入功率 P。由于此状态下系统负载接近于零，所以此时测出的流量为理论流量 q_t。

(2) 调节节流阀的通流面积，由小到大对泵加载，测出各压力 p 所对应的流量 q 和电动机输入功率 P_d。

6. 计算内容

(1) 泵的实际流量 $q=60\Delta V/\Delta t(\text{L/min})$。

(2) 泵的输出功率 $P_o=(q \cdot p)/60(\text{kW})$。

(3) 泵的输入功率 $P_i=P_d \cdot \eta_d(\text{kW})$。

(4) 泵的容积效率 $\eta_v=q/q_t$。

(5) 泵的总效率 $\eta=P_o/P_i$。

7. 实测数据及计算结果

将本实验中所测得的数据及计算结果填入表 10-1 中。

表 10-1　液压泵性能实验的实测数据记录及计算结果表

	1	2	3	4	5	6	7	8	备注
（1）被测泵的压力 p/MPa									
（2）泵输出油液容积的变化量 ΔV/L									
（3）对应的 ΔV 所用的时间 t/s									
（4）泵的流量 q/(L/min)									
（5）泵的输出功率 P_o/kW									
（6）电机功率 P_d/kW									
（7）泵的输入功率 P_i/kW									
（8）泵的总效率 η(%)									
（9）泵的容积效率 η_v(%)									

8. 绘制液压泵的特性曲线

根据实测数据及计算结果绘制 $q—p$、$\eta_v—p$、$\eta—p$ 特性曲线。

9. 问题思考

（1）系统中溢流阀起何作用？

（2）系统中节流阀为什么能够对被测系统加载？

实训 3　液压阀拆装实训

1. 实训目的

（1）进一步理解各种液压阀的工作原理和结构特点。

（2）对比分析溢流阀、减压阀、顺序阀的异同点。

（3）对比分析节流阀与调速阀的异同点。

（4）掌握液压阀的拆装方法。

2. 实训设备

溢流阀、顺序阀、减压阀、节流阀、调速阀、单向阀、换向阀及必要的拆装工具。

3. 实训要求

（1）实训前认真预习，对液压阀的工作原理及其结构组成有基本认识。

（2）拆装过程中应利用相应工具，严格按拆卸、装配步骤进行。

（3）通过实训了解常用液压阀的结构组成、工作原理及零部件的作用。

（4）比较分析节流阀与调速阀在结构上的异同点。

（5）对比溢流阀、减压阀、顺序阀的异同点。

4. 实训内容

按要求拆卸各类液压阀；观察、了解各零件在液压阀中的作用；了解各种液压阀的工作原理；对比分析溢流阀、减压阀、顺序阀的异同点；对比分析节流阀与调速阀的异同点；按规定的步骤装配各类液压阀。

5. 问题思考

（1）直动式溢流阀的结构组成。

（2）先导式溢流阀的结构组成。

（3）先导式溢流阀阻尼孔的作用是什么？其远程控制口是怎样实现远程调压和卸荷的？

（4）先导式减压阀的结构组成。

（5）减压阀内部泄漏为何要单独引出？与溢流阀的泄油方式有何不同？

（6）先导式顺序阀的结构组成，观察其控制方式。

（7）直动式溢流阀和先导式溢流阀在结构上有何不同？先导式溢流阀、顺序阀、减压阀的阀芯结构有何不同？

（8）节流阀的结构，观察其阀口的结构形式。

（9）调速阀的结构组成。

（10）节流阀及调速阀的流量分别是怎样调节的？

（11）节流阀和调速阀结构有何异同？

（12）单向阀的结构组成。

（13）液控单向阀控制油口在通入压力油和不通压力油两种情况下，油液分别怎样流动？

（14）三位四通换向阀的结构，其中位机能是哪种型号？

实训4　溢流阀性能实验

1. 实验目的

（1）加深理解溢流阀稳定工作状态时的静态特性，并根据实验结果对被测阀的静态特性做适当的分析。

（2）掌握溢流阀静态性能的实验方法和设备的使用。

2. 实验设备

QCS003B型液压教学实验台。

3. 实验内容

（1）溢流阀调压范围的测定。

（2）溢流阀启闭特性的测定。

（3）溢流阀卸荷压力的测定。

4．实验原理说明

溢流阀性能试验液压系统原理如图 10‐3 所示。该液压系统主要由液压泵 1、溢流阀 2、被测溢流阀 3、流量计 5 和压力表等组成。

1）调压范围的测定

本实验溢流阀 2 作为安全阀使用，通过调节被测溢流阀 3 的弹簧压缩量，来改变被测溢流阀 3 的调定压力，从而观察出其稳定压力的变化范围。

2）溢流阀的启闭特性测定

溢流阀的启闭特性是指溢流阀在稳态情况下从开启到闭合的过程中，被控压力与溢流流量之间的变化特性。本实验通过调节溢流阀 2 的压力，为被测溢流阀 3 增加或减小进口压力，观察被测溢流阀 3 的进口压力与通过该阀的流量关系。

3）溢流阀卸荷压力的测定

被测溢流阀 3 的远程控制口与油箱接通，系统处在卸荷状态，此时测出的被测溢流阀 3 的进、出口压力差，即为卸荷压力。

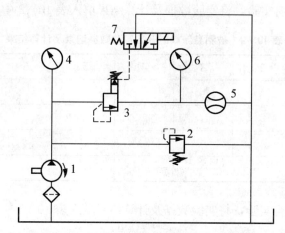

图 10‐3　溢流阀性能试验液压系统原理

1—液压泵；2—溢流阀；3—被测溢流阀；4、6—压力表；

5—流量计；7—二位三通电磁换向阀

5．实验步骤

1）调压范围的测定

完全打开溢流阀 2，将被测溢流阀 3 关闭。起动液压泵 1，使其运行半分钟后，调节溢流阀 2，使泵出口压力升至 7MPa。然后完全打开被测溢流阀 3，使液压泵 1 的压力降至最低值。随后调节被测溢流阀 3 的手柄，从全开慢调至全闭，再从全闭慢调至全开，观察压力表 4、6 的变化是否平稳，并观察调节所得的稳定压力的变化范围（即最高调定压力和最低调定压力差值）是否符合规定的调节范围。

2）溢流阀的启闭特性测定

关闭溢流阀 2，调定被测溢流阀 3 的压力值为 5MPa，打开溢流阀 2，使通过被测溢流阀 3 的流量为零。调节溢流阀 2 使被测溢流阀 3 进口压力升高。当流量计 5 稍有流量显示时，逐点记录被测溢流阀 3 每一个增加进口压力值所对应的流过流量计 5 的流量。开启实验完成后，再调节溢流阀 2，使其压力逐级降低，同样逐点记录被测溢流阀 3 每一个减小的进口压力值所对应的流过流量计 5 的流量。

3）溢流阀卸荷压力的测定

使二位三通电磁换向阀 7 带电，被测溢流阀 3 的远程控制口通过二位三通电磁换向阀 7 接通油箱，此时，被测溢流阀 3 处于卸荷状态，观察并记录压力表 4、6 的压力值。

6. 计算内容

（1）被测溢流阀 3 各进口压力值，所对应的溢流量：$q = 60\Delta V/\Delta t (\mathrm{L/min})$。

（2）被测溢流阀 3 额定流量的 1% 所对应的压力为溢流阀的开启压力或闭合压力。

7. 实测数据及计算结果

（1）调压范围。

（2）卸荷压力。

（3）被测阀的开启实验，将实验数据及计算结果填入表 10-2 中。

表 10-2　被测溢流阀的开启实验数据记录及计算结果

序号	1	2	3	4	5	6	7	8
p/MPa								
ΔV/L								
Δt/s								
q/(L/min)								

（4）被测阀的闭合实验，将实验数据及计算结果填入表 10-3 中。

表 10-3　被测溢流阀的闭合实验数据记录及计算结果

序号	1	2	3	4	5	6	7	8
p/MPa								
ΔV/L								
Δt/s								
q/(L/min)								

（5）被测阀的开启压力：_____。　　　　被测阀的闭合压力_____。

8. 绘制实验曲线

绘制被测溢流阀的启闭特性曲线。

9. 问题思考

研究溢流阀的启闭特性有何意义？

实训 5　节流调速回路性能实验

1. 实验目的

（1）通过节流阀的进油节流调速回路、回油节流调速回路及旁路节流调速回路的实验，得到它们的调速回路特性曲线（速度—负载特性），并进行分析比较。

（2）通过节流阀和调速阀进油路调速回路的对比实验，分析比较它们的调速性能（速度—负载特性）。

2. 实验设备

QCS003B 型液压教学实验台。

3. 实验内容

（1）采用节流阀的进油节流调速回路的调速性能。

（2）采用节流阀的旁路节流调速回路的调速性能。

（3）采用节流阀的回油节流调速回路的调速性能。

4. 实验原理说明

节流调速回路性能实验液压系统原理如图 10-4 所示，它由实验回路和加载回路两部分组成。

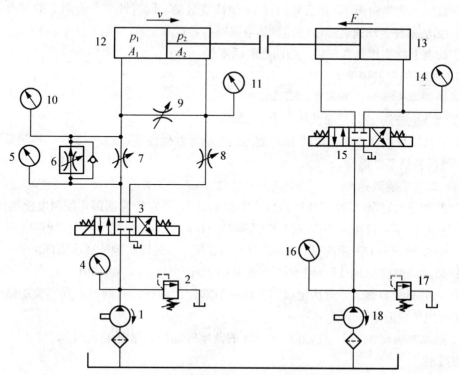

图 10-4　节流调速回路性能实验液压系统原理

1、18—定量泵；2、17—溢流阀；3、15—电磁换向阀；

4、5、10、11、14—压力表；6—调速阀；7、8、9—节流阀；12、13—油缸

（1）实验回路：实验回路由定量泵 1～实验油缸 12 的液压系统组成，按不同实验要求组成进油节流调速回路、回油节流调速回路和旁路节流调速回路，其中进油节流调速回路可分别采用节流阀和调速阀。组成采用节流阀的进油节流阀调速回路时，调速阀 6、节流阀 9 关闭，节流阀 8 全开，调节节流阀 7；组成采用节流阀的回油节流调速回路时，调速阀 6、节流阀 9 关闭，节流阀 7 全开，调节节流阀 8；组成采用节流阀的旁路节流调速回路时，节流阀 7、节流阀 8 全开，调速阀 6 关闭，调节节流阀 9；组成采用调速阀的进油节流调速回路时，节流阀 7、节流阀 9 关闭，节流阀 8 全开，调节调速阀 6。

（2）加载回路：加载回路由定量泵 18～加载液压缸 13 的液压系统组成，作为节流调速实验回路的加载装置，通过调节溢流阀 17，可使加载液压缸 13 无杆腔获得不同的压力值（有杆腔回油压力近似为零）。本实验装置中，调速回路实验液压缸与加载液压缸处于同心安装位置，采用直接对顶的加载方案。

5. 实验步骤

1）采用节流阀的进油节流调速回路

（1）实验回路的调整。

① 将调速阀 6、节流阀 9 关闭，节流阀 7 调到某一开度，回油路上的节流阀 8 全开。

② 松开溢流阀 2，起动液压泵 1，调整溢流阀 2，使系统压力为 4MPa。

③ 操纵电磁换向阀 3，使实验油缸 12 做往复运动，同时调节节流阀 7 的开度，使实验油缸 12 活塞杆运动速度适中（油缸 12 空载时向右运动全程时间为 4s 左右）。

④ 检查系统工作是否正常。退回油缸活塞杆。

（2）加载回路的调整。

① 松开溢流阀 17，起动液压泵 18。

② 调节溢流阀 17，使系统压力为 0.5MPa。

③ 切换三位四通电磁换向阀 15，使加载油缸活塞做往复运动 3～5 次，排除系统中的空气，然后使活塞杆退回。

（3）测定实验数据。

① 使加载油缸 13 活塞杆伸出，顶到实验油缸 12 活塞杆的端部，控制电磁换向阀 3，使实验油缸 12 活塞杆推着加载油缸 13 活塞杆一起向右运动。测得实验油缸 12 活塞杆运动行程 $L(L=200\text{cm})$ 所用的时间 t，并计算出速度 v。退回实验油缸活塞杆。

② 通过调节溢流阀 17，调节加载油缸的工作压力 $p_{负}$，使其由小到大，每次增加 0.5MPa，并重复步骤①，逐次记载实验油缸活塞杆运动行程时间，直到实验油缸活塞杆推不动所加负载为止。

③ 操纵换向阀 3、15，使油缸 12、13 的活塞杆缩回，松开溢流阀 2、17，液压泵 1、18 停止工作。

2）回油节流调速回路

将调速阀 6、节流阀 9 关闭，节流阀 7 全开，节流阀 8 调到某一开度。其余实验方法和步骤与采用节流阀的进油节流调速实验相同。

3）旁路节流调速回路

将调速阀 6 关闭，使节流阀 7、8 全开，节流阀 9 调到某一开度。其余实验方法和步骤与采用节流阀的进油节流调速实验相同。

4）调速阀的进油节流调速回路

将节流阀 7、9 关闭，使节流阀 8 全开，调速阀 6 调到某一开度。其余实验方法和步骤与采用节流阀的进油节流调速实验相同。

6. 计算内容

(1) 负载计算：油缸无杆腔直径 $D=40\mathrm{mm}$；活塞杆直径 $d=30\mathrm{mm}$；油缸行程 $L=200\mathrm{cm}$。

① 进油节流调速回路负载：$F=p_1 A_1$。

② 回油节流调速回路负载：$F=p_1 A_1 - p_2 A_2$。

③ 旁路节流调速回路负载：$F=p_1 A_1$。

式中，p_1、p_2 分别为实验油缸无杆腔和有杆腔油液压力；A_1、A_2 分别为实验油缸无杆腔和有杆腔的有效面积。

(2) 实验油缸的运动速度计算：$v=L/t$。

7. 实测数据及计算结果

将本实验所得的实验数据及计算结果填入表 10-4～表 10-7 中。

8. 绘制负载—速度特性曲线并分析特性

(1) 根据实验数据，用坐标纸画出各种节流调速回路的负载—速度特性曲线。

(2) 根据实验结果，分析、比较三种节流调速回路的调速性能。

(3) 分析、比较节流阀和调速阀的调速性能。

表 10-4　进油节流调速回路实验数据记录及计算结果

参数\序号	系统压力 p/MPa	实验油缸无杆腔压力 p_1/MPa	实验油缸有杆腔压力 p_2/MPa	加载油缸无杆腔压力（负载压力）$p_{负}$/MPa	负载 F/N	实验油缸运动时间 t/s	实验油缸运动速度 v/(cm/min)
1							
2							
3							
4							
5							
6							

表 10-5　回油节流调速回路实验数据记录及计算结果

参数 序号	系统压力 p/MPa	实验油缸 无杆腔压力 p_1/MPa	实验油缸 有杆腔压力 p_2/MPa	加载油缸 无杆腔压力 (负载压力) $p_负$/MPa	负载 F/N	实验油缸 运动时间 t/s	实验油缸 运动速度 v/(cm/min)
1							
2							
3							
4							
5							
6							

表 10-6　旁路节流调速回路实验数据记录及计算结果

参数 序号	系统压力 p/MPa	实验油缸 无杆腔压力 p_1/MPa	实验油缸 有杆腔压力 p_2/MPa	加载油缸 无杆腔压力 (负载压力) $p_负$/MPa	负载 F/N	实验油缸 运动时间 t/s	实验油缸 运动速度 v/(cm/min)
1							
2							
3							
4							
5							
6							

表 10-7　调速阀的进油节流调速回路实验数据记录及计算结果

参数 序号	系统压力 p/MPa	实验油缸 无杆腔压力 p_1/MPa	实验油缸 有杆腔压力 p_2/MPa	加载油缸 无杆腔压力 (负载压力) $p_负$/MPa	负载 F/N	实验油缸 运动时间 t/s	实验油缸 运动速度 v/(cm/min)
1							
2							
3							
4							
5							
6							

实训 6　液压基本回路实训

1. 实训目的

（1）掌握液压基本回路的组成及工作原理。
（2）进一步加深理解液压基本回路的作用。
（3）增强学生实际操作能力及创新意识。

2. 实训设备

透明液压 PLC 控制教学实验台。

图 10-5　透明液压 PLC 控制教学实验台

3. 实训要求

（1）本实训开始之前必须熟悉各元器件的工作原理和动作条件，掌握快速组合的方法。
（2）根据实训内容，设计实训所需的回路，所设计的回路必须安全可靠。
（3）基本回路安装完毕后，仔细校对回路和元件，经指导教师同意后方可开机。

4. 实训内容

由学生自行设计、组装及调试以下液压基本回路：①调速回路；②增速回路；③速度换接回路；④调压回路；⑤保压、泵卸荷回路；⑥减压回路；⑦平衡回路；⑧多缸顺序控制回路；⑨同步回路等。

实训 7　气动基本回路实训

1. 实训目的

（1）加深认识气动基本回路的组成、工作原理和作用。
（2）锻炼操作者团队协作能力、自动线拆装和调试能力、工程实施能力和安全意识。

2. 实训设备

气动 PLC 控制自动化生产线教学实验装置。

图 10 - 6　气动 PLC 控制自动化生产线教学实验装置

3. 实训要求

(1) 实训开始之前必须熟悉各元器件的工作原理和动作条件。

(2) 根据实训内容，安装和调试各气动回路，所安装和调试的回路必须安全可靠。

(3) 气动回路安装完毕后，仔细校对回路和元件，经指导教师同意后方可开机。

4. 实训内容

(1) 气动方向控制回路的安装与调试。

(2) 气动速度控制回路的安装与调试。

(3) 气动旋转控制回路的安装与调试。

(4) 气动顺序控制回路的安装与调试。

(5) 气动机械手装置的安装与调试。

(6) 气动系统的安装与调试。

部分同步训练参考答案

项目1

1-1～1-11 略。

项目2

2-1～2-12 略

2-13

解：泵的输出功率为

$$P_{OP}=\frac{p_p q_p}{60}=\frac{p_p q_{tp}\eta_{Vp}}{60}=\frac{p_P V_P n_p \eta_{Vp}}{60}=\frac{10\times200\times10^{-3}\times1450\times0.95}{60}kW\approx45.9kW$$

电动机所需功率为

$$P_{ip}=\frac{P_{Op}}{\eta_p}=\frac{45.9}{0.9}kW=51kW$$

2-14

解：(1) $q_t=V_n=950\times168\div1000L/min=159.6L/min$；

(2) $\eta_v=q/q_t=150/159.6\approx0.94$；

(3) $\eta_m=0.87/0.94\approx0.925$；

(4) $P_i=pq/(60\times0.87)=84.77kW$；

(5) $T_i=9550P/n=9550\times84.77/950N\cdot m\approx852N\cdot m$。

2-15

解：(1) $\eta=\eta_V\cdot\eta_m=0.95\times0.9=0.855$；

(2) $P=pq\eta_v/60=5\times10\times1200\times0.9/(60\times1000)kW=0.9kW$；

(3) $P_i=P/\eta=0.9/(0.95\times0.9)kW\approx1.05kW$。

项目3

3-1～3-3 略。

3-4

解：(1) 当活塞杆向外伸出时：

$$F_1=p_1 A_1-p_2 A_2=\frac{\pi}{4}\left[(p_1-p_2)D^2+p_2 d^2\right]=15700N$$

$$v_1=\frac{q}{A_1}=\frac{4q}{\pi D^2}\approx2.55m/min$$

(2) 当活塞杆缩回时：

$$F_1=p_1 A_2-p_2 A_1=\frac{\pi}{4}\left[(p_1-p_2)D^2-p_1 d^2\right]=7850N$$

$$v_2 = \frac{q}{A_2} = \frac{4q}{\pi(D^2 - d^2)} = 5.1 \text{m/min}$$

3 - 5

解：因为柱塞面积为

$$A = \frac{q}{v}$$

所以，柱塞直径为

$$d = \sqrt{4q/\pi v} \approx 0.08 \text{m}$$

3 - 6

解：$v_{快进} = \dfrac{q}{\pi d^2/4} = 0.1 \text{m/s}$，$v_{快退} = \dfrac{q}{\pi(D^2 - d^2)/4} = 0.1 \text{m/s}$。

联立即可求解。

3 - 7

解：(a) $p = 0$；(b) $p = 0$；(c) $p = \Delta p$；(d) $p = F/A$；(e) $p = 2\pi T_m/V_m$。

3 - 8

解：

马达输出转矩：$T_M = p_M \times V_m \times \eta/(2\pi\eta_{mv}) = 12.57 \text{N·m}$。

马达转速：$n_M = q_M \times \eta_{mv}/V_m = 38 \text{r/s} = 2280 \text{r/min}$。

马达输出功率：$P_{MO} = p_M \times q_M \times \eta = 3 \text{kw}$。

3 - 9

解：(1) 液压马达的输出转矩：

$T_M = 1/2\pi \cdot \Delta p_M \cdot V_M \cdot \eta_{Mm} = 1/2\pi \times (9.8 - 0.49) \times 250 \times 0.9/0.92 \text{N·m} \approx 362.6 \text{N·m}$

(2) 液压马达的输出功率：

$P_{MO} = \Delta p_M \cdot q_M \cdot \eta_M/60 = (9.8 - 0.49) \times 22 \times 0.9/60 \approx 3.07 \text{kW}$

(3) 液压马达的转速：

$n_M = q_M \cdot \eta_{MV}/V_M = 22 \times 10^3 \times 0.92/250 \approx 80.96 \text{r/min}$

3 - 10

解：(1) $P_{po} = p_p q_p = p_p V_p n_p \eta_{PV} = 10 \times 10 \times 10^{-3} \times 1450 \times 0.9/60 \text{kW} = 2.175 \text{kW}$；

(2) $P_{Pi} = P_{Po}/\eta_p = P_{Po}/(\eta_{PV} \cdot \eta_{Mm}) = 2.69 \text{kW}$；

$P_M = P_P - \Delta P = (10 - 0.5) \text{MPa} = 9.5 \text{MPa}$；

(3) $T_M = p_M V_M \eta_{VM}/2\pi = 9.5 \times 10 \times 0.9/2\pi = 13.6 \text{N·m}$

(4) $n_M = -n_p V_p \eta_{PV} \eta_{MV}/V_M = 1450 \times 10 \times 0.9 \times 0.92/10 \text{r/min} = 1200.6 \text{r/min}$。

项目 4

4 - 1 ~ 4 - 8 略。

4 - 9

答：本系统采用定量泵，输出流量 q_P 不变。由于无溢流阀，根据连续性方程可知，泵的流量全部进入液压缸，即使阀的开口开小一些，通过节流阀的流量并不发生改变，$q_A = q_P$，因此该系统不能调节活塞运动速度 v，如果要实现调速就须在节流阀的进口并联一溢流阀，以实现泵的流量分流。

连续性方程只适合于同一管道，而活塞将液压缸分成两腔，因此求回油流量 q_B 时，不能直接使用连续性方程。应先根据连续性方程求活塞运动速度 $v=q_A/A_1$，再根据液压缸活塞运动速度求 $q_B=vA_2=(A_2/A_1)q_P$。

4-10

解：活塞运动时：

$$P_B=\frac{F}{A}=\frac{10000}{50\times10^{-4}}Pa=2MPa$$

此时由于液压缸的液压力 $p_B=2MPa$，小于减压阀所调定的压力值，减压阀阀口全开，不起调压作用，所以，$p_B=2MPa$，$p_A=2MPa$。

活塞运动到终点停止时，由于液压泵输出的油液压力大于减压阀所调定的压力值，减压阀起调压作用，溢流阀开启，油泵输出的油液在调定压力下流回油箱，所以 $p_B=3MPa$，$p_A=5MPa$。

4-11

解：(1) $p_B=5MPa$；(2) $p_B=3MPa$；(3) $p_B=0MPa$。

4-12

解：

(1) 因 $p_yA_1=p_2A_2+F$，所以 $p_y=(p_2A_2+F)/A_1=3.25MPa$（因溢流阀达到最大负载 $F=30000N$ 时，才能溢流，所以计算 p_y 时 F 取 30000N，另外，式中 $p_2=\Delta p$）。

(2) 当负载 $F=0$ 时，液压缸有最大压力，即 $p_yA_1=p_2A_2$，$p_2=p_yA_1/A_2=6.5MPa$。

项目 5

5-1~5-3 略。

项目 6

6-1~6-11 略。

6-12

解：(1) 2.5MPa、5MPa、2.5MPa；

(2) 1.5MPa、1.5MPa、2.5MPa；

(3) 0、0、0。

6-13

解：求 A、B、C 各点压力：

$$p_C=\frac{F_1}{A_1}=\frac{14\times10^3}{100\times10^{-4}}Pa=1.4\times10^6Pa=1.4MPa$$

$$p_A=p_C+\Delta p=(14\times10^5+2\times10^5)Pa=16\times10^5Pa=1.6MPa$$

由 $p_BA_3=F_2+pA_4$，故

$$p_B=\frac{F_2+pA_4}{A_3}=\frac{4250+50\times10^{-4}\times1.5\times10^5}{100\times10^{-4}}Pa=5\times10^5Pa$$

6-14

解：(1) $p_1=\dfrac{F}{A_1}=\dfrac{5000}{50\times10^{-4}}\text{Pa}=10^6\text{Pa}$

$p_{32}=\dfrac{F_2}{A_3}+\dfrac{p_4A_4}{A_3}=\dfrac{20000+10\times10^5\times25\times10^{-4}}{50\times10^{-4}}\text{Pa}=45\times10^5\text{Pa}$

$p_{31}=\dfrac{F_1}{A_3}=\dfrac{8000}{50\times10^{-4}}\text{Pa}=16\times10^5\text{Pa}$

所以，减压阀的调整压力为106Pa；溢流阀的调整压力为 45×105Pa；液控顺序阀的调整压力为 16×105Pa$<p<45\times105$Pa。

(2) 工作台 B 缸快速运动时所需的流量：

$q_1=A_3v_1=50\times10^{-4}\times5\text{m}^3/\text{min}=0.025\text{m}^3/\text{min}=25\text{L}/\text{min}$

工进时所需流量：

$q_2=A_3v_2=50\times10^{-4}\times0.6\text{m}^3/\text{min}=0.003\text{m}^3/\text{min}=3\text{L}/\text{min}$

不考虑溢流阀的流量时，小泵流量为 3L/min，大泵流量为（25-3）L/min=22L/min。

6-15

解：(1) 1—三位四通电磁换向阀，2—调速阀，3—二位三通电磁换向阀。

(2) 结果见表1。

表1　题6-15电磁铁动作顺序表

动作 \ 电磁铁	1YA	2YA	3YA
快进	+	−	−
工进	+	−	+
快退	−	+	+
停止	−	−	−

6-16

解：(1) 略。

(2) 结果见表2。

表2　题6-16电磁铁动作顺序表

动作 \ 电磁铁	1YA	2YA	3YA	4YA
快进	+	−	+	−
工进	+	−	−	−
快退	−	+	−	−
停止	−	−	−	+

项目 7

7 - 1～7 - 3 略。

7 - 4

答：要完成各动作要求，各电磁铁及压力继电器的工作状态见表3。

表 3 液压系统的工作循环表

动作顺序及名称	电磁铁及压力继电器						
	1YA	2YA	3YA	4YA	5YA	6YA	YJ
定位夹紧	−	−	−	−	−	−	−
快进	+	−	+	+	+	+	+
工进（卸荷）	−	−	−	−	+	+	−
快退	+	−	+	+	−	−	−
松开拔销	−	+	−	−	−	−	−
原位（卸荷）							

项目 8

8 - 1～8 - 9 略。

项目 9

9 - 1～9 - 11 略。

常用液体传动系统及元件图形符号

(摘自 GB/T 786.1—2009)

附录1 图形符号的基本要素和管路连接

图　形	描　述	图　形	描　述
———————	供油管路、回油管路、元件外壳和外壳符号	▶	液压源
- - - - - - -	内部和外部先导管路、泄油管路、冲洗管路等	▷	气压源
—·—·—··—	组合元件框线	▶	液压力作用方向
┬	两管路连接，标出连接点	▷	气压力作用方向
┼	两管路交叉没有交点	⊏	机械连接(轴，杆)
- - ●⌣● - -	软管总成	⊏	机械连接，轴，杆，机械反馈

附录2　控制机构及控制方法

图　形	描　述	图　形	描　述
	带有定位装置的推或拉控制机构		单作用电磁铁，动作指向阀芯，连续控制
	具有可调行程限制装置顶杆		单作用电磁铁，动作背离阀芯，连续控制
	作用单方向行程操纵的滚轮杠杆		双作用电气控制机构，动作指向或背离阀芯，连续控制
	使用步进电动机的控制机构		电气操纵的气动先导控制机构
	单作用电磁铁，动作指向阀芯		电气操纵的带外部供油的液压先导控制机构
	单作用电磁铁，动作背离阀芯		具有外部先导供油、双比例电磁铁，双向操纵，集成在同一组件、连续工作的双先装置的液压控制机构
	双作用电气控制机构，动作指向或背离阀芯		机械反馈

附录3 泵、马达和缸

图　形	描　述	图　形	描　述
	变量泵		变方向定流量双向摆动马达
	双向流动,带外泄油路单向旋转的变量泵		真空泵
	双向变量泵单元,双向流动,带外泄油路,双向旋转		双作用单杆缸
	双向变量马达单元,双向流动,带外泄油路,双向旋转		单作用单杆缸,靠弹簧力返回行程,弹簧腔带连接油口
	单向旋转的定量泵		双作用双杆缸,活塞杆直径不同,双侧缓冲,右侧带调节
	单向旋转的定量马达		单作用缸,柱塞缸
	双向变量泵或马达单元,双向流动,带外泄油路,双向旋转		单作用伸缩缸
	限制摆动角度、双向流动的摆动执行器或旋转驱动		双作用伸缩缸
	操纵杆控制,限制转盘角度的泵		单作用压力介质转换器,将气体压力转换为等值的液体压力,反之亦然
	空气压缩机		单作用增压器,将气体压力 p_1 转换为更高的液体压力 p_2

附录 4　控制元件

图　　形	描　　述	图　　形	描　　述
	二位二通方向控制阀，两通、两位，椎压控制机构，弹簧复位，常闭（气动、液压）		三位四通方向控制阀，液压控制，弹簧对中
	二位二通方向控制阀，两通、两位，电磁铁操纵，弹簧复位，常闭（气动、液压）		三位五通方向控制阀，定位销式杠杆控制（气动、液压）
	二位四通方向控制阀，电磁铁操纵，弹簧复位（气动、液压）		三位五通直动式气动方向控制阀，弹簧对中，中位时两出口都排气
	二位三通方向控制阀，滚轮杠杆控制，弹簧复位（气动、液压）		三位四通方向控制阀电磁铁操纵先导级和液压先导操作主阀，主阀及先导级弹簧对中，外部先导供油和先导回油
	二位三通方向控制阀，电磁铁操纵，弹簧复位，常闭（气动、液压）		三位四通方向控制阀，弹簧对中，双电磁铁直接操纵，不同中位机能的类别（气动、液压）
	二位四通方向控制阀，电磁铁操纵液压先导控制，弹簧复位		
	二位五通方向控制阀，踏板控制（气动、液压）		溢流阀，直动式，开启压力由弹簧调节（气动、液压）
	二位四通方向控制阀，液压控制，弹簧复位		顺序阀，手动调节设定值

图　形	描　述	图　形	描　述
	二通减压阀，直动式，外泄型		梭阀（或逻辑），压力高的入口自动与出口接通
	二通减压阀，先导式，外泄型		快速排气阀
	三通减压阀		单向阀，只能在一个方向自由流动（气压、液压）
	内部流向可逆调压阀		带有复位弹簧的单向阀，只能在一个方向流动，常闭（气压、液压）
	调压阀，远程先导可调，溢流，只能向前流动（气动）		带有复位弹簧的先导式单向阀，先导压力允许在两个方向自由流动（气压、液压）
	外部控制的顺序阀（气动）		双单向阀，先导式（气动、液压）
	顺序阀，带有旁通阀		蓄能器充液阀，带有固定开关压差
	电磁溢流阀，先导式，电气操纵预设定压力		可调流量控制阀（气动、液压）
	双压阀（与逻辑），并且仅当两进气口有压力时才会有信号输出，较弱的信号从出口输出		可调流量控制阀，单向自由流动（气动、液压）

附录5　其他图形符号

图　形	描　述	图　形	描　述
	压力测量单元(压力表)		吸附式过滤器
	压差计		油雾器
	温度计		手动排水式油雾器
	油位指示器(液位计)		油箱通气过滤器
	流量指示器		空气干燥器
	过滤器		润滑点
	不带冷却液流道指示的冷却器		隔膜式充气蓄能器(隔膜式蓄能器)
	液体冷却的冷却器		活塞式充气蓄能器(活塞式蓄能器)
	加热器		气瓶
	温度调节器		气罐
	手动排水流体分离器		气源处理装置,包括手动排水过滤器、手动调节式溢流调压阀、压力表和油雾器(上图为详细示意图,下图为简化图)
	自动排水流体分离器		
	带手动排水分离器的过滤器		

参 考 文 献

[1] 路甬祥.液压气动技术手册[M].北京：机械工业出版社，2002.

[2] 孙开元，于战果.机械、电气、液压与气动图识读技巧与实例[M].北京：化学工业出版社，2011.

[3] 左建民.液压与气动技术[M].北京：机械工业出版社，2005.

[4] 毛智勇，刘宝权.液压与气动技术[M].北京：机械工业出版社，2009.

[5] 姜佩东.液压与气动技术[M].北京：高等教育出版社，2000.

[6] 章宏甲.液压与气压传动[M].北京：机械工业出版社，2000.

[7] SMC(中国)有限公司.现在实用气动技术[M].北京：机械工业出版社，2004.

[8] 张磊.实用液压技术300题[M].2版.北京：机械工业出版社，2005.

[9] 阴正锡，许贤良，王家序.液压习题集[M].北京：煤炭工业出版社，1987.

[10] 袁承训.液压与气压传动[M].北京：机械工业出版社，2006.

[11] 杨永平.液压与气动技术基础[M].北京：化学工业出版社，2006.

[12] 曹建东，龚肖新.液压传动与气动技术[M].北京：北京大学出版社，2006.

[13] 苟维杰.液压与气压传动[M].北京：国防科技大学出版社，2012.

[14] 袁广，张勤.液压与气压传动技术[M].北京：北京大学出版社，2008.

[15] 胡世超，姜晶.液压与气动技术[M].上海：上海科学技术出版社，2011.

北京大学出版社高职高专机电系列规划教材

序号	书号	书名	编著者	定价	出版日期
机械类基础课					
1	978-7-301-10464-2	工程力学	余学进	18.00	2008.1 第 3 次印刷
2	978-7-301-13653-9	工程力学	武昭晖	25.00	2011.2 第 3 次印刷
3	978-7-301-13655-3	工程制图	马立克	32.00	2008.8
4	978-7-301-13654-6	工程制图习题集	马立克	25.00	2008.8
5	978-7-301-13574-7	机械制造基础	徐从清	32.00	2012.7 第 3 次印刷
6	978-7-301-13573-0	机械设计基础	朱凤芹	32.00	2008.8
7	978-7-301-13656-0	机械设计基础	时忠明	25.00	2012.7 第 3 次印刷
8	978-7-301-13662-1	机械制造技术	宁广庆	42.00	2010.11 第 2 次印刷
9	978-7-301-19848-3	机械制造综合设计及实训	裴俊彦	37.00	2013.4
10	978-7-301-19297-9	机械制造工艺及夹具设计	徐 勇	28.00	2011.8
11	978-7-301-13260-9	机械制图	徐 萍	32.00	2009.8 第 2 次印刷
12	978-7-301-13263-0	机械制图习题集	吴景淑	40.00	2009.10 第 2 次印刷
13	978-7-301-18357-1	机械制图	徐连孝	27.00	2012.9 第 2 次印刷
14	978-7-301-18143-0	机械制图习题集	徐连孝	20.00	2013.4 第 2 次印刷
15	978-7-301-15692-6	机械制图	吴百中	26.00	2012.7 第 2 次印刷
16	978-7-301-22916-3	机械图样的识读与绘制	刘永强	36.00	2013.8
17	978-7-301-23354-2	AutoCAD 应用项目化实训教程	王利华	42.00	2014.1
18	978-7-301-17122-6	AutoCAD 机械绘图项目教程	张海鹏	36.00	2013.8 第 3 次印刷
19	978-7-301-17573-6	AutoCAD 机械绘图基础教程	王长忠	32.00	2013.8 第 2 次印刷
20	978-7-301-19010-4	AutoCAD 机械绘图基础教程与实训(第 2 版)	欧阳全会	36.00	2014.1 第 3 次印刷
21	978-7-301-17609-2	液压传动	龚肖新	22.00	2010.8
22	978-7-301-20752-9	液压传动与气动技术(第 2 版)	曹建东	40.00	2014.1 第 2 次印刷
23	978-7-301-13582-2	液压与气压传动技术	袁 广	24.00	2013.8 第 5 次印刷
24	978-7-301-24381-7	液压与气动技术项目教程	武 威	30.00	2014.8
25	978-7-301-19436-2	公差与测量技术	余 键	25.00	2011.9
26	978-7-5038-4861-2	公差配合与测量技术	南秀蓉	23.00	2011.12 第 4 次印刷
27	978-7-301-19374-7	公差配合与技术测量	庄佃霞	26.00	2013.8 第 2 次印刷
28	978-7-301-13652-2	金工实训	柴增田	22.00	2013.1 第 4 次印刷
29	978-7-301-13651-5	金属工艺学	柴增田	27.00	2011.6 第 2 次印刷
30	978-7-301-17608-5	机械加工工艺编制	于爱武	45.00	2012.2 第 2 次印刷
31	978-7-301-23868-4	机械加工工艺编制与实施(上册)	于爱武	42.00	2014.2
32	978-7-301-21988-1	普通机床的检修与维护	宋亚林	33.00	2013.1
33	978-7-5038-4869-8	设备状态监测与故障诊断技术	林英志	22.00	2011.8 第 3 次印刷
34	978-7-301-22116-7	机械工程专业英语图解教程(第 2 版)	朱派龙	48.00	2013.9
35	978-7-301-23198-2	生产现场管理	金建华	38.00	2013.9
数控技术类					
1	978-7-301-17707-5	零件加工信息分析	谢 蕾	46.00	2010.8
2	978-7-301-17148-6	普通机床零件加工	杨雪青	26.00	2013.8 第 2 次印刷
3	978-7-301-17679-5	机械零件数控加工	李 文	38.00	2010.8
4	978-7-301-13659-1	CAD/CAM 实体造型教程与实训 (Pro/ENGINEER 版)	诸小丽	38.00	2014.7 第 4 次印刷

序号	书号	书名	编著者	定价	出版日期
5	978-7-301-17557-6	CAD/CAM 数控编程项目教程(UG 版)(第 2 版)	慕灿	45.00	2014.8 第 1 次印刷
6	978-7-5038-4865-0	CAD/CAM 数控编程与实训(CAXA 版)	刘玉春	27.00	2011.2 第 3 次印刷
7	978-7-301-21873-0	CAD/CAM 数控编程项目教程(CAXA 版)	刘玉春	42.00	2013.3
8	978-7-301-13261-6	微机原理及接口技术(数控专业)	程艳	32.00	2008.1
9	978-7-5038-4866-7	数控技术应用基础	宋建武	22.00	2010.7 第 2 次印刷
10	978-7-301-13262-3	实用数控编程与操作	钱东东	32.00	2013.8 第 4 次印刷
11	978-7-301-14470-1	数控编程与操作	刘瑞已	29.00	2011.2 第 2 次印刷
12	978-7-301-20312-5	数控编程与加工项目教程	周晓宏	42.00	2012.3
13	978-7-301-23898-1	数控加工编程与操作实训教程(数控车分册)	王忠斌	36.00	2014.6
14	978-7-301-20945-5	数控铣削技术	陈晓罗	42.00	2012.7
15	978-7-301-21053-5	数控车削技术	王军红	28.00	2012.8
16	978-7-301-17398-5	数控加工技术项目教程	李东君	48.00	2010.8
17	978-7-301-21119-9	数控机床及其维护	黄应勇	38.00	2012.8
18	978-7-301-20002-5	数控机床故障诊断与维修	陈学军	38.00	2012.1
		模具设计与制造类			
1	978-7-301-13258-6	塑模设计与制造	晏志华	38.00	2007.8
2	978-7-301-23892-9	注射模设计方法与技巧实例精讲	邹继强	54.00	2014.2
3	978-7-301-24432-6	注射模典型结构设计实例图集	邹继强	54.00	2014.6
4	978-7-301-18471-4	冲压工艺与模具设计	张芳	39.00	2011.3
5	978-7-301-19933-6	冷冲压工艺与模具设计	刘洪贤	32.00	2012.1
6	978-7-301-20414-6	Pro/ENGINEER Wildfire 产品设计项目教程	罗武	31.00	2012.5
7	978-7-301-16448-8	Pro/ENGINEER Wildfire 设计实训教程	吴志清	38.00	2012.8
8	978-7-301-22678-0	模具专业英语图解教程	李东君	22.00	2013.7
		电气自动化类			
1	978-7-301-18519-3	电工技术应用	孙建领	26.00	2011.3
2	978-7-301-17569-9	电工电子技术项目教程	杨德明	32.00	2012.4 第 2 次印刷
3	978-7-301-22546-2	电工技能实训教程	韩亚军	22.00	2013.6
4	978-7-301-22923-1	电工技术项目教程	徐超明	38.00	2013.8
5	978-7-301-12390-4	电力电子技术	梁南丁	29.00	2010.7 第 2 次印刷
6	978-7-301-17730-3	电力电子技术	崔红	23.00	2010.9
7	978-7-301-12182-5	电工电子技术	李艳新	29.00	2007.8
8	978-7-301-19525-3	电工电子技术	倪涛	38.00	2011.9
9	978-7-301-12392-8	电工与电子技术基础	卢菊洪	28.00	2007.9
10	978-7-301-16830-1	维修电工技能与实训	陈学平	37.00	2010.7
11	978-7-301-12180-1	单片机开发应用技术	李国兴	21.00	2010.9 第 2 次印刷
12	978-7-301-20000-1	单片机应用技术教程	罗国荣	40.00	2012.2
13	978-7-301-21055-0	单片机应用项目化教程	顾亚文	32.00	2012.8
14	978-7-301-17489-0	单片机原理及应用	陈高锋	32.00	2012.9
15	978-7-301-24281-0	单片机技术及应用	黄贻培	30.00	2014.7
16	978-7-301-22390-1	单片机开发与实践教程	宋玲玲	24.00	2013.6
17	978-7-301-17958-1	单片机开发入门及应用实例	熊华波	30.00	2011.1
18	978-7-301-16898-1	单片机设计应用与仿真	陆旭明	26.00	2012.4 第 2 次印刷

序号	书号	书名	编著者	定价	出版日期
19	978-7-301-19302-0	基于汇编语言的单片机仿真教程与实训	张秀国	32.00	2011.8
20	978-7-301-12181-8	自动控制原理与应用	梁南丁	23.00	2012.1 第3次印刷
21	978-7-301-19638-0	电气控制与PLC应用技术	郭 燕	24.00	2012.1
22	978-7-301-18622-6	PLC与变频器控制系统设计与调试	姜永华	34.00	2011.6
23	978-7-301-19272-6	电气控制与PLC程序设计(松下系列)	姜秀玲	36.00	2011.8
24	978-7-301-12383-6	电气控制与PLC(西门子系列)	李 伟	26.00	2012.3 第2次印刷
25	978-7-301-18188-1	可编程控制器应用技术项目教程(西门子)	崔维群	38.00	2013.6 第2次印刷
26	978-7-301-23432-7	机电传动控制项目教程	杨德明	40.00	2014.1
27	978-7-301-12382-9	电气控制及PLC应用(三菱系列)	华满香	24.00	2012.5 第2次印刷
28	978-7-301-14469-5	可编程控制器原理及应用（三菱机型）	张玉华	24.00	2009.3
29	978-7-301-22315-4	低压电气控制安装与调试实训教程	张 郭	24.00	2013.4
30	978-7-301-24433-3	低压电器控制技术	肖朋生	34.00	2014.7
31	978-7-301-22672-8	机电设备控制基础	王本轶	32.00	2013.7
32	978-7-301-18770-8	电机应用技术	郭宝宁	33.00	2011.5
33	978-7-301-17324-4	电机控制与应用	魏润仙	34.00	2010.8
34	978-7-301-21269-1	电机控制与实践	徐 锋	34.00	2012.9
35	978-7-301-12389-8	电机与拖动	梁南丁	32.00	2011.12 第2次印刷
36	978-7-301-18630-5	电机与电力拖动	孙英伟	33.00	2011.3
37	978-7-301-16770-0	电机拖动与应用实训教程	任娟平	36.00	2012.11
38	978-7-301-22632-2	机床电气控制与维修	崔兴艳	28.00	2013.7
39	978-7-301-22917-0	机床电气控制与PLC技术	林盛昌	36.00	2013.8
40	978-7-301-18470-7	传感器检测技术及应用	王晓敏	35.00	2012.7 第2次印刷
41	978-7-301-20654-6	自动生产线调试与维护	吴有明	28.00	2013.1
42	978-7-301-21239-4	自动生产线安装与调试实训教程	周 洋	30.00	2012.9
43	978-7-301-19319-8	电力系统自动装置	王 伟	24.00	2011.8
44	978-7-301-18852-1	机电专业英语	戴正阳	28.00	2013.8 第2次印刷

相关教学资源如电子课件、电子教材、习题答案等可以登录 www.pup6.com 下载或在线阅读。

扑六知识网(www.pup6.com)有海量的相关教学资源和电子教材供阅读及下载(包括北京大学出版社第六事业部的相关资源),同时欢迎您将教学课件、视频、教案、素材、习题、试卷、辅导材料、课改成果、设计作品、论文等教学资源上传到 pup6.com,与全国高校师生分享您的教学成就与经验,并可自由设定价格,知识也能创造财富。具体情况请登录网站查询。

如您需要免费纸质样书用于教学,欢迎登录第六事业部门户网(www.pup6.cn)填表申请,并欢迎在线登记选题以到北京大学出版社来出版您的大作,也可下载相关表格填写后发到我们的邮箱,我们将及时与您取得联系并做好全方位的服务。

扑六知识网将打造成全国最大的教育资源共享平台,欢迎您的加入——让知识有价值,让教学无界限,让学习更轻松。

联系方式:010-62750667,xc96181@163.com,欢迎来电来信。